国家自然科学基金中美国际合作重点项目（41961124004）
国家自然科学基金面上项目（71873125）

# 气候变化 对
# 浙江农作物生产的影响研究

俞书傲 陆文聪 马永喜／著

中国农业出版社
农村读物出版社
北 京

# 前 言

　　近年来，以气温升高为主要特征的全球气候变化已经成为全世界关注的焦点问题。中国是全球气候变化的敏感区和影响显著区，1951—2017 年，我国升温率达每 10 年 0.24℃，明显高于同期全球平均水平。我国是人多地少的人口大国，保持粮食等主要农产品产量稳定增长，确保国家粮食安全尤其是口粮安全，一直是我国农业政策的核心目标。随着我国经济快速增长，我国农业的区域格局发生了重大变化。作为经济最发达的沿海省份之一，浙江已从粮食主产区转变为主销区，如何实现浙江等主销区的主要农产品稳定增长，对保障国家粮食安全具有十分重要的战略意义。因此，浙江省委、省政府于 2016 年提出要积极应对气候变化对农业的不利影响，增强农业适应气候变化能力，提高省内农业生产稳定性。在此背景下，研究气候变化对浙江农业的影响，具有十分重要的现实意义。

　　本书在全面综述国内外相关研究的基础上，基于 1987—2016 年气候数据，首先采用气候倾向率和 Mann-Kendell 气候突变检验等气候统计学方法，分析了 1987—2016 年浙江气温、降水量和日照三大气候要素的变化特征；然后运用 H-P 滤波分析技术，将浙江水稻（早稻和中晚稻）、小麦、玉米、大麦、大豆、薯类和油菜等 8 种主要农作物的单位面积产量分解为趋势单产和气候单产，并根据相对气候产量、平均减产率和减产变异系数等指标分析气候变化对浙江主要农作物生产波动的影响。在此基础上，基于1996—2015年浙江省73个县（自治县、区、市）的农业投入产出数据和17个地面气象观测站的气候数据，采用空间计量经济学模型构建方法，构建了包含气候要素、社会经济要素和生产投入要素的空间误差面板模型，实证分析气温、降水和日照等气候因素变化以及极端高温（低温）和极端降水等极端气候事件对浙江8种主要农作物生产的边际影响。并进一步基于全要素生产率理论，运用DEA-Malmquist方法，在考虑气候要素变化的情况下实证估计了浙江农业全要素生产率及其技术进步指数、技术效率和规模效率，并与不考虑气候要素变化情况下的浙江农业全要素生产率进行对比分析，以反映气候变化对浙江农业全要素生产率的影响。基于上述实证研究结果，本书进一步提出对浙江农业应对气候变化的相关政策建议。

本书的主要研究结论有：（1）气温升高已经成为浙江1987—2016年气候变化的主要特征，增温速率达0.42℃/10年，高于全国平均水平。降水量和日照均值未出现明显变化，但存在一定的年际波动及地区和季节差异。（2）1987—2016年，气候变化对浙江不同农作物单产波动的影响程度存在明显差异。水稻受气候变化的影响较小，气候歉年和气候灾年出现次数最少；玉米、小麦、大麦和油菜等旱田作物的气候灾年出现次数较多，气候平均减产率较高，减产变异系数也高于其他作物，受气候变化冲击影响较大。（3）不同气候要素变化对不同农作物单产的边际影响存在明显差异。生长期有效积温变化对早稻、中晚稻、小麦和油菜籽单产的影响呈先上升、后下降的倒"U"形态势，气温每升高1℃，这4种作物将分别增产3.61%～4.42%、2.95%～3.64%、3.12%～3.63%和1.14%～2.18%。有效积温对玉米和大豆单产的影响显著为负。生长期降水量对小麦、大麦、薯类和大豆单产的影响也呈先上升、后下降的倒"U"形态势，其中，降水量增加对薯类单产的边际增产效应最明显。生长期降水量对早稻、中晚稻和玉米单产的影响显著为负。生长期日照时长对所有农作物单产的影响不明显。(4) 极端气候事件对农作物单产的负面影响非常明显。其中，极端高温天数每增加 1 天，可使早稻和中晚稻分别减产 3.9%～5.1% 和 2.3%～2.8%；极端低温天数每增加 1 天，油菜籽将减产 0.5%～0.8%；中晚稻平均每年因生长期内极端降水减产的幅度达 14.1～17.7 千克/亩 *。(5) 农作物生产中的自然适应和人为适应可在一定程度上缓解气候变化对农作物的增产或减产影响，提高农作物单产稳定性。化肥、机械和灌溉等生产要素投入与温度和降水变化之间存在明显的替代关系，与日照的关系不明显。(6) 气候变化阻碍了浙江农业生产前沿面的提升，对浙江农业 TFP（Total Factor Productivity，全要素生产率）产生负面影响，并在省内存在明显的时空差异。平原地区农业 TFP 受气候变化影响的程度大于沿海地区和山地丘陵地区，这意味着忽略气候变化因素可能导致高估浙江农业 TFP。随着时间推移，气候变化对浙江农业 TFP 的负面影响呈覆盖面扩大、程度增强的趋势，这意味着未来气候变化对浙江农业 TFP 的不利影响可能会进一步加深。(7) 为应对气候变化对农业的不利影响，本书提出了调整作物种植结构、促进农业稳产增产，改进田间管理技术、缓解极端天气影响，加强农业技术培训、提高农户适应能力和完善气候预警机制、事先做好应对工作 4 方面的政策建议。

　　本书的主要贡献是：(1) 在研究内容上，本书以 8 种农作物为研究对象，揭示了气候变化对不同农作物生产的影响差异；同时本书以浙江为例，研究了气候变化对农业的影响问题，拓展了现有相关研究，使研究结果更具现实针对性。(2) 在研究视角上，现有研

---

　　*　亩为非法定计量单位，1 亩≈666.7 平方米。——编者注

究主要从单产边际影响视角展开，存在局限性，本书从单产波动性、单产边际影响和农业 TFP 3 个方面研究气候变化对农业的影响问题，拓展了研究视角。（3）在研究方法上，本书一方面引入农学和气候学领域的概念与方法，分析了气候变化条件下农作物单产波动性；另一方面构建了包含标准化空间权重矩阵的空间误差面板模型，实证估计了气候变化对农作物单产的边际影响；同时还将气候变化因素引入了农业 TFP 的研究，考察了气候变化对农业 TFP 的影响问题，这在现有研究中尚不多见。

# Abstract

In recent years, global climate change, characterized by rising temperatures, has become a focus of worldwide attention. China is a sensitive and highly affected region of climate change. From 1951 to 2017, China's warming rate reached 0.24 ℃ every 10 years, which is significantly higher than the global average level in the same period. China is a country with large population and small land. Maintaining stable growth of grain production and other major agricultural products and ensuring national food security, especially food security has always been the core objective of China's agricultural policy. With the rapid growth of China's economy, the regional pattern of China's agriculture has undergone significant changes. As one of the most economically developed coastal provinces, Zhejiang has changed from the main grain producing area to the main selling area. How to realize the steady growth of grain and other major agricultural products in the main selling areas such as Zhejiang, is of great strategic significance to ensure national food security. Therefore, the Zhejiang Provincial Committee proposed to actively deal with the adverse effects of climate change on agriculture, enhance the ability of agriculture to adapt to climate change and improve the stability of agricultural production in the province in 2016. Therefore, in this context, it is of great practical significance to study the impact of climate change on agriculture in Zhejiang Province.

Based on a comprehensive review of relevant studies at home and abroad and the climate data from 1987 to 2016, this paper firstly describes the change characteristics of temperature, precipitation and sunshine in Zhejiang in the past 30 years by using climatic statistics methods such as climatic tendency rate and Mann-Kendell climate jump test, then uses H-P filter analysis technology to decompose into the trendy yield and climate yield of eight kinds of main crops such as rice, wheat, maize and barley in Zhejiang and analyzes the effects of climate change on the fluctuation of production of main crops in Zhejiang Province according to relative climatic yield, average yield reduction and coefficient of variation of yield reduction. On this basis, based on the agricultural input-output data of 73 counties (districts and cities) and the climatic data of 17 surface meteorological observatories from 1996 to 2015, a spatial error model (SEM) including climatic factors, socio-economic factors and production input factors is constructed by using the method of spatial econometrics model. The marginal effects of climatic factors such as temperature, precipitation and sunshine, as well as extreme climatic events such as extreme high temperature (low temperature) and extreme precipitation on the production of 8 major crops in zhejiang province are analyzed. Furthermore, based on the total factor productivity theory, the total factor productivity and its technological progress index, technological efficiency and scale efficiency of Zhejiang agriculture under the consideration of climate change are empirically estimated by using DEA-Malmquist method and Zhejiang agricultural total factor productivity without considering climate change is compared in order to reflect the impact of climate change on Zhejiang agricultural total factor productivity. Based on the above empirical results, this paper further puts forward relevant policy recommendations for Zhejiang agriculture to cope with climate change.

The main conclusions of the study are as follows: (1) Temperature rise has become the main feature of climate change in Zhejiang in recent 30 years with the rate of temperature reaching 0.42℃/10a, which is higher than the national average level. The precipitation and sunshine mean do not change significantly, but there are some interannual fluctuations and regional and seasonal differences. (2) In the past 30 years, the impacts of climate change on yield fluctuation of different crops in Zhejiang Province are obviously different of which rice is less affected by climate change and the number of bad years and disaster years is the lowest; while maize, wheat, barley and oilseed rape are more affected by climate disasters, the average yield reduction rate is higher and the coefficient of variation of yield reduction is also higher than other crops, which is impacted by climate change greater. (3) There are obvious differences in the marginal effects of different climatic factors on the yield of different crops. The effect of effective accumulated temperature on the menu yield of early rice, mid-late rice, wheat and oil shows an inverted "U" pattern, which increases by 3.61% ~ 4.42%, 2.95% ~ 3.64%, 3.12% ~ 3.63% and 1.14% ~ 2.18% respectively when the temperature increases by 1 ℃. The effect of effective accumulated temperature on the yield of maize and soybean is significantly negative, but the yield of maize and soybean could not be reduced by 1 ℃ increase. The effect of precipitation on yield per unit area of wheat, barley, potato and soybean also shows an inverted "U" pattern, in which the increase of precipitation has the most obvious marginal effect on yield per unit area of potato. The effect of precipitation on yield per unit area of early rice, mid-late rice and maize is significantly negative. The effect of sunshine duration on the yield of all crops is not obvious. (4) The negative impact of extreme climate events on crop yield is very obvious, of which the yield of early rice and late rice by 3.9% ~ 5.1% and 2.3% ~ 2.8% respectively can be reduced with increasing extreme high temperature each day, oilseed rape yield will decrease by 0.5% ~ 0.8% with every day of increasing extreme low temperature days and the average annual yield reduction of middle and late rice due to extreme precipitation in the growing period also reaches 14.1~17.7kg/mu. (5) Natural and man-made adaptation in crop production can mitigate the impact of climate change on crop yield increase or decrease to a certain extent and improve the stability of crop yield per unit area. There is an obvious substitution relationship between input of production factors such as fertilizer, machinery and irrigation and temperature and precipitation changes, but the relationship with sunshine is not obvious. (6) Climate change has hindered the improvement of agricultural production frontier in Zhejiang Province and has a negative impact on agricultural TFP in Zhejiang Province. There are obvious temporal and spatial differences in Zhejiang Province. The impact of climate change on agricultural TFP in plain areas is greater than that in coastal areas and hilly areas, which means that ignoring climate change factors may overestimate agricultural TFP in Zhejiang Province. As time goes by, the negative impact of climate change on agricultural TFP in Zhejiang shows a trend of expanding coverage and increasing degree, which means that the adverse impact of climate change on agricultural TFP in Zhejiang may be further deepened in the future. (7) In order to cope with the adverse effects of climate change on agriculture, the paper puts forward four policy proposals: adjusting crop planting structure, promoting stable and increased agricultural production, improving field management technology, mitigating the impact of extreme weather, strengthening agricultural technology training, improving farmers' adaptability and improving climate early warning mechanism and doing a good job in advance.

The main contributions of this study are as follows: (1) In terms of research content, this paper takes eight crops as the research object to reveal the difference of impacts of climate change on different crop production; at the same time, the paper takes Zhejiang as an example to study the impacts of climate change on agriculture, expands the existing related research and the results are more realistic and pertinent. (2) From the perspective of research, the paper studies the impacts of climate change on agriculture from the perspectives of yield volatility, yield marginal impact and agricultural TFP to expand the limitations of existing research from the perspective of yield marginal impact. (3) In the research methods, on the one hand, the paper introduces the concepts and methods in the field of Agronomy and Climatology to analyze the fluctuation of crop yield under climate change and on the other hand, it constructs a panel model of spatial error including standardized spatial weight matrix to estimate the marginal impact of climate change on crop yield, and at the same time, it introduces climate change factors into agricultural TFP research to explore the impact of climate change on agricultural TFP, which is rare in existing studies.

# 目 录

# 正文附图

# 正文附表

**CHAPTER** *1*

# 导　论

本章为全书导论。1.1 介绍本书研究背景，提出本书研究问题，并点明本书研究的理论意义和现实价值；1.2 概述本书研究目标，并在此基础上介绍本书的核心研究内容；1.3 说明本书研究的主要方法、技术路线以及数据来源；1.4 介绍本书研究的框架结构与篇章安排；1.5 指出本书研究的创新之处。

## 1.1　研究背景与意义

### 1.1.1　研究背景

近年来，以气温升高为主要特征的全球气候变化已经成为全世界关注的焦点问题。联合国政府间气候变化专门委员会（Intergovernmental Panel on Climate Change，IPCC）第 5 次评估报告（AR5）[①] 指出，全球百年来气候变暖毋庸置疑，1880—2012 年，全球地表平均温度大约上升了 0.85℃（IPCC，2014）。世界气象组织（World Meteorological Organization，WMO）统计资料显示，自有气象记录以来，截至 2018 年，20 个最热的年份出现在 1997—2018 年这 22 年中，2015—2018 年排名前 4（WMO，2018）。世界权威期刊《自然》杂志最新的研究报告显示，气候变暖的事实与影响比预计的更严重，而且全球变暖趋势在未来很长的一段时间内将持续存在（Brown et al.，2017；Huang et al.，2017）。在气候变暖背景下，20 世纪中叶以来，全球范围内极端气候灾害事件发生的频次和强度明显上升。近年来，西欧地区的反常高温、南亚地区的连年热浪已经严重影响了当地居民的生活和生产，南欧和西非地区由于高蒸发量和低降水量，干旱情况日趋严重。21 世纪影响东亚地区的台风

---

[①] IPCC 创建于 1988 年，是联合国环境规划署与世界气象组织联合建立的政府间机构，主要任务是聚集全球科学家智慧，全面评估全球气候变化现状及气候变化对各方面（包括自然环境、经济社会和人民生活等）的影响，研究减缓气候变化的措施和适应气候变化的具体对策。IPCC 已于 1990 年、1995 年、2001 年、2007 年和 2014 年发布了 5 次全球气候变化综合评估报告，第 6 次评估报告将于 2023 年上半年完成。资料来源：https：//www.ipcc.ch/report/sixth-assessment-report-cycle/。

强度显著高于 20 世纪 90 年代，12 级以上台风的频次增加了 1 倍，强台风和强降雨对东亚和环太平洋沿岸人民的生命财产安全和各项经济社会生产活动造成了不可估量的损失。亚洲开发银行（Asian Development Bank，ADB）联合德国波兹坦气候影响研究所（The Potsdam Institute for Climate Impact Research，PIK）发布的一份报告表明，当前亚洲和太平洋地区面临极高的气候风险，未来极有可能发生高频次、高强度的极端气候事件，对当地农业生产、经济生活以及社会发展构成非常严重的威胁（ADB，2017）。联合国减少灾害风险办公室（United Nations International strategy for Disaster Reduction，UNISDR）2018 年发布的报告显示：1998—2017 年，全球共记录了 7 255 起重大自然灾害事件，其中九成以上与气候变化密切相关，发生频次最高的灾害是洪水与风暴，占比分别达 43.4% 和 28.2%；这些自然灾害给全球造成的直接经济损失超过 2.9 万亿美元，其中约 2.45 万亿美元的损失由气候变化相关灾害造成，占比约为 84.5%（UNISDR，2018）。国际货币基金组织（International Monetary Fund，IMF）进一步指出，气温升高带来的负面影响是多方面的，最明显的是不利于农业增产，同时也会抑制其他行业工人劳动生产率，降低经济部门投资效率和威胁居民公共健康等，最终导致人均产出和福利水平下降，这种影响在低收入国家表现得更为明显和持久，尤其是在低纬度气候较为炎热的国家，如孟加拉国、海地和加蓬等，年平均气温每上升 1℃，这些国家的人均 GDP 将减少 1.5% 甚至更多（IMF，2017）。IPCC 也发出倡议，由于气候变暖带来的负面影响显而易见，国际社会有必要将温控目标从原先的到 21 世纪末增温 2℃ 以内调整至 1.5℃ 以内，以降低未来重大气候灾难发生的概率以及避免可能伴随气候灾难而来的、不可估量的巨大经济损失（IPCC，2018）。

中国是全球气候变化的敏感区和影响显著区，《第三次气候变化国家评估报告》[①] 指出，1909—2011 年，我国陆地区域平均增温 0.9～1.5℃，高于全球同期增温平均水平，预计到 21 世纪末，我国的增温幅度可能达 1.3～5.0℃（第三次气候变化国家评估报告编委会，2016）。《2018 年中国气候变化蓝皮书》也明确表示，1951—2017 年，中国地表年均气温平均每 10 年升高 0.24℃，升温率明显高于同期全球平均水平，而且最近 1998—2017 年是一个多世纪以来的最暖时期，我国气候变暖形势异常严峻（中国气象局，2018）。在气候变暖背景下，我国自然灾害危险等级处于全球较高水平，极易发生局部

①《气候变化国家评估报告》由我国科学技术部、中国气象局、中国科学院、中国工程院联合多部门共同编制，汇集了国内数十家研究机构近百位科学家的最新研究成果，于 2006 年、2011 年和 2016 年发布了 3 次评估报告。

地区大面积的、持久的干旱，或是集中的、短时间的暴雨等极端天气和气候事件，严重影响了我国经济社会系统的各方面，包括农业生产、城市发展、交通和基础设施建设及大型工程的施工进度等（第三次气候变化国家评估报告编委会，2016）。在1990—2014年这25年中，我国由气象灾害造成的直接经济损失数额巨大，几乎占了我国国民生产总值（Gross Domestic Product，GDP）的1％，是全球同期平均水平的5倍（国家气候中心等，2015）。因此，亚洲开发银行认为中国及其他东亚国家和地区，有必要为应对气候变化可能带来的气象灾害投入足够的资金（比如GDP的0.3％），以避免极端气候事件带来的严重经济损失（ADB，2013）。

尽管气候变化有一定的内在周期规律，但不可否认，工业革命以来，人类活动对全球气候系统的影响十分显著，IPCC屡次在评估报告中警告全世界，如果任由人类活动自由发展，那么其带来的气候后果是灾难性的，气候变化将会对自然生态系统造成严重的、普遍和不可逆的毁灭性影响（郑艳等，2016）。1992年，《联合国气候变化框架公约》（*United Nations Framework Convention on Climate Change*，简称《框架公约》）在巴西里约热内卢举行的联合国环境发展大会达成并通过，这是人类历史上第一份旨在推动全世界各国温室气体减排，以缓解气候变暖给人类社会发展带来负面影响的国际性公约，同时也建立了全球气候变化国际合作的基本框架。在《框架公约》的推动下，联合国气候变化大会自1995年12月起每年召开1次，由公约缔约方各国商讨关于气候变化的各项议题，迄今为止已经举办了20多届，制定了《京都议定书》（1997年）、《巴厘岛路线图》（2007年）、《哥本哈根协议》（2009年）、《多哈修正案》（2012年）和《巴黎协定》（2015年）等具有里程碑意义的文件，彰显了各缔约国应对全球气候变化的不懈努力与坚定决心。中国是全球最大的经济体之一，同时也是负责任的大国，在国际气候秩序新旧交替、政治问题错综复杂的时代，展现了大国应有的风范和领导力，为促成全球气候领域合作行动注入了强劲的推动力。在巴黎气候变化大会召开期间，中国积极协调发达国家与发展中国家的立场，促进不同阵营集团互信共识，获得各方赞赏。与此同时，在习近平总书记"绿水青山就是金山银山"的重要理论指导下，中国在"十二五""十三五"规划中，把节能减排与应对气候等环保工作放在更为重要的位置，并通过调整产业结构、节能提高能效、优化能源结构、增加森林碳汇等方面多管齐下，以更加积极的姿态应对气候变化，为全球节能减排做出了实实在在的贡献。

应对气候变化问题，不仅需要世界各国政府通力合作，遵守框架约定，也需要扎实可靠的科学研究依据，为政策措施提供理论与实证依据。目前，学术界已对气候变化事实和影响问题做了大量研究。农业生产极度依赖气候气象条件，这使农业成为受气候变化影响最为敏感和显著的产业之一。农业生产事关全世界人类的口粮问题和绝大多数发展中国家的家庭生计问题，因此气候变化对农业的影响备受学术界关注。权威研究显示，气候变暖已经严重影响了全世界农业生产和粮食供给，气候变化"已极大地拖累了全球主要农作物产量增长"，过去几十年的气候变化导致玉米单产下降 4%，小麦单产下降 5.5%（Lobell et al.，2011）。在不考虑 $CO_2$ 肥效以及适应性措施的情况下，温度每升高 1℃，全球小麦产量平均降低 5.7% 左右，目前全球年产量超过 7 亿吨，产量下降 5.7% 即意味着全球每年损失近 400 万吨小麦（Liu et al.，2016）。气候变化导致的洪涝、干旱等极端天气，对发展中国家和中低收入国家农业生产的影响远远高于发达国家和高收入国家，粮食短缺风险依然存在，气温每升高 1℃，全球粮食产量大约下降 10%（Betts et al.，2018）。气候变化对我国农业生产的不利影响已逐渐显现，水稻生长期出现的高温热害，玉米和小麦主产区的干旱，以及暴雨、病虫害等，增加了农业生产的脆弱性，加大了粮食生产面临的风险（中国气象局，2018）。20 世纪 80 年代以来，我国 12%～22% 的耕地受困于干旱的影响，小麦、玉米和大豆单产分别降低了 1.27%、1.73% 和 0.41%（国家气候中心等，2018）。我国每年因气象灾害损失的粮食产量超过 500 亿千克，其中，因旱灾损失的部分占了近六成。如果不采用适应性措施，到 2030 年，我国农业种植业生产能力将因气候变暖总体下降 5%～10%（矫梅燕，2014）。

中国是人口大国，需要用有限的农业耕地资源（占全球 9%）养活世界上最多人口（占全球 20%）的国家。确保国家粮食安全，尤其是口粮绝对安全一直是我国农业政策的核心目标之一。中国也是地理大国，南北几乎横跨热带、亚热带、温带和亚寒带，东西又大致涵盖了湿润、半湿润、半干旱和干旱区，各地气候气象条件和农业生产方式存在明显差异，受气候变化的影响程度也有较大差异。因此，在气候变化的严峻背景下，研究气候变化与农业生产的关系对稳定我国未来全国层面的粮食生产与供给安全十分重要。虽然气候变化能够促使我国农业生产区域格局改变，比如气候变暖使农业热量资源条件改善，水稻、小麦和玉米等主粮作物种植界限北移，可种植区域面积扩大，这在一定程度上有利于我国粮食增产，但这种变化实际上是一个长期过程，我国"人地矛盾"这一核心问题并没有得到解决，而且面积扩大带来的增产效应也有可能被气候变化对农作物单产造成的负面影响抵消。因此，我国仍然需要紧绷"粮食安全"这根弦，无论是粮食主产区还是主销区，都必须牢牢抓好粮食生产，积极落实粮食安全省长负责制。

浙江作为我国最发达的沿海省份之一，近年来随着工业化、城镇化推进，农业生产结构不断调整，浙江省粮食自给率目前只有 36% 左右，粮食对外依存度高，确保省内粮食生产稳定和供给安全的压力大、责任重。因此，浙江省委、省政府于 2016 年提出了"大粮食安全观"理念，要求全省坚持水稻和旱粮（其他谷物、豆类、薯类）并重，积极应对气候变化带来的不利影响，加强中长期气候变化的研究，提高农业生产适应气候变化的能力，优化粮食种植结构，稳定省内粮源生产，促进粮食减损增效（浙江省粮食局，2016）。浙江地处亚热带季风气候区，水热条件优渥，复种指数高，古人云"江浙熟，天下足"，是我国长江中下游大粮仓。近几十年的气候变化进一步增加了浙江的农业热量条件，也带来了更高的极端气候风险。权威研究显示，包括浙江在内的华东水稻产区目前存在极大的夏季高温热害风险，水稻生产面临严峻的挑战（Sun et al.，2014）。除此之外，浙江还面临低温霜冻、长时间连阴雨、短时间强降雨等气象灾害威胁造成的农田受灾、成灾，甚至绝收的情况，已经严重影响了省内各个地区的农业生产[①]。在 2018 年浙江省委、省政府印发的《全面实施乡村振兴战略高水平推进农业农村现代化行动计划（2018—2022）》中，农村防灾减灾救灾体系建设被列为重点工程之一[②]，这意味着减少气象灾害影响是浙江实施乡村振兴战略的重要组成部分之一，积极应对气候变化是浙江实现乡村振兴目标的有效途径之一。

气候变化对中国农业生产的影响问题一直是国内外学术界的热点问题，现有研究已采用全国层面的省级面板（崔静等，2011；Holst et al.，2013；Tao et al.，2013；尹朝静，2017）或县级面板数据（陈帅等，2016；Chen et al.，2016），实证研究了气候变化对我国水稻、玉米和小麦等主粮作物生产的影响，证实了气候变化对我国主要农作物生产的显著影响，并提出了相关政策建议。然而，这些研究实际上是从总体上考察了气候变化对我国农业生产的影响，得出的是全国层面的结论。我国幅员辽阔，农业生产特质和气候变化特征具有显著的省区甚至省内差异，因此全国层面的研究结论可能并不符合特定地区实际，这在某种程度上可能削弱了这些研究成果的实际应用价值。目前，国内关于气候变化对农业生产影响的讨论大多集中于东北地区、黄淮海地区以及湖北、江苏等我国粮食主产地区和省份。正如上文提到，浙江等华东水稻产区农业生产同样受气候变化的威胁，在"大粮食安全观"和"乡村振兴战略"背景下，有需求也有必要就浙江气候变化与农业生产之间的关系展开研究讨论。浙江近年来的农业气候条件有哪些变化？浙江的农作物种植结构发生了什么变

---

① 资料来源：中国天气网（http://zj. weather. com. cn/hyqx/nyqx/nyqxnb/index. shtml）提供的 2009—2018 年浙江省农业气象年报。

② 中国气象报社. 浙江：气象工作纳入乡村振兴战略行动计划［EB/OL］.［2018 - 05 - 22］. http：//www. cma. gov. cn/2011xwzx/2011xgzdt/201805/t20180522 _ 468994. html.

动？温度、降水量、日照时长等主要气候因素的变化对浙江农作物生产造成什么影响？不同农作物受到的影响是否存在差异？气候变化对农业整体有什么影响？不同地区的受影响程度是否相同？随时间如何变化？浙江需要采取哪些措施才能积极应对不断变化的气候条件？为了全面了解气候变化对浙江农作物生产的影响，提出切合浙江实际的适应气候变化政策建议，这一系列问题有待深入考察分析。

本书根据上述问题，在全面综述相关理论和研究的基础上，采用1987—2016年浙江气象统计和农业生产数据，运用气候统计学方法分析浙江1987—2016年的气候变化特征和农业生产概况，并从波动性角度分析了气候变化对浙江农作物生产的影响；随后，基于1996—2015年浙江县级农业生产面板数据和省内17个地面气象观测站的逐日数据，通过科学的数据处理和严谨的实证计量经济学方法，考察气候变化对浙江早稻、中晚稻、玉米、小麦、大麦、大豆、薯类和油菜8种主要农作物生产的影响问题；最后，利用1996—2015年县级面板数据，从农业全要素生产率角度进一步研究了气候变化对农业生产的整体影响，从而为有关部门提出农业应对气候变化措施提供多方面参考依据。

## 1.1.2 研究意义

本书的研究意义主要有理论和现实两方面。

理论意义：首先，现有研究主要讨论气候变化对水稻、小麦和玉米三大主粮作物生产的影响，对其他农作物的研究不充分。本书将大麦、大豆、薯类和油菜等易受气候变化影响的大田农作物纳入研究范围，以便进一步分析气候变化对不同农作物生产影响的差异性，有助于丰富我国农业气候变化研究领域。其次，现有的气候变化影响研究大多从气候因素对农作物单产的影响切入，本书则进一步从农作物单产的波动性和农业全要素生产率两个视角延伸了该问题，能够加深现有研究对气候与农业生产关系的理解。因此，本书研究将在一定程度上丰富农业经济学与气候经济学理论。

现实意义：一方面，本书研究不同农作物之间受气候变化影响的差异，有助于我国农业主管部门更有针对性地制定农业气候应对策略，指导农户调整种植结构，降低气候变化带来的农业生产风险，从而稳定农业生产；另一方面，浙江作为全国农业现代化建设强省，其农业综合生产能力以及特色农业转型成效位居全国前列，研究气候变化对浙江农业生产的影响具有一定典型意义，可以为全国其他省份农业在现代化发展中应对气候变化提供新的思路。因此，本书具有较为重要的现实意义与应用价值。

## 1.2　研究目标与内容

### 1.2.1　研究目标

本书旨在以浙江为例，分析研究气候变化对农作物生产的影响：运用统计学方法分析浙江 1987—2016 年的气候变化特征和农业生产概况，并从波动性角度分析气候变化对农作物生产的影响；随后，采用 1996—2015 年浙江省县级农业生产面板数据和地面基准气象观测站的逐日数据，考察气候变化对浙江 8 种主要农作物单产的影响问题，以及气候变化在农业 TFP 变化中起到的作用，从而为有关部门提出农业应对气候变化措施提供多方面的理论与实证研究参考依据。

### 1.2.2　研究内容

根据上述研究目标，本文研究内容具体为以下 4 个部分。

**（1）分析总结 1987—2016 年浙江气候变化的主要特征**

该部分研究在介绍浙江地理和气候条件以后，利用浙江 1987—2016 年的气候统计数据和气候倾向率、Mann-Kendell 气候突变检验等气候统计学方法，将气温、降水量和日照时长三大主要气候要素数据的变化趋势，按年份和季节分别直观呈现出来，以反映浙江近年来气候变化的主要特征。该研究内容为本书的气候变化背景研究。

**（2）计算考察浙江农作物单产的波动性**

该部分研究首先概述了 1987—2016 年浙江主要农作物的生产情况，然后基于气候统计学理论方法，运用时间序列分析中的 H-P 滤波技术手段，分解浙江早稻、中晚稻、小麦、玉米、大麦、大豆、薯类和油菜 8 种主要农作物的 30 年单产序列数据，得到代表农业技术进步和发展的长周期分量——趋势单产，以及反映短期内气候因素变化冲击情况的短期波动性分量——气候单产。在得到气候单产后，进一步计算了不同农作物的相对气候产量、平均减产率和减产变异系数等指标，从气候统计学角度分析气候变化对浙江主要农作物生产波动的影响。

**（3）实证估计气候变化对浙江不同农作物生产的边际影响**

该部分研究基于 1996—2015 年浙江省县级农业投入产出数据和 17 个地面气象观测站气候数据，采用农业生产经济学、气候经济学和空间计量经济学理论，构建了包含气候要素、社会经济要素和其他生产投入要素的空间误差面板计量经济模型，用于识别气温、降水量和日照时长等气候因素的变化，以及极端高温（低温）和极端降水等对浙江早稻、中晚稻、小麦、玉米、大麦、大豆、薯类和油菜8种主要农作物生产的边际影响，并在模型估计结果的基础上，比较分析气候变化对不同农作物生产影响的差异性。同时，考虑到农业生产对气候变化的适应性，本书进一步将气候因素与样本期气候因素平均值交乘项，以及气候因素与其他投入要素交叉项导入计量经济方程，以分别反映农作物本身对气候变化的自然适应和农户对气候变化的人为适应。该研究内容为本书基于边际影响视角的核心研究，并在研究对象范围和适应性角度延伸了现有气候变化对农业生产影响的研究。

**（4）分析研究气候变化对浙江农业全要素生产率的影响**

该部分研究首先从理论层面解释了气候变化如何影响农业 TFP，然后利用 1996—2015 年浙江省县级农业投入产出数据和 17 个地面气象观测站气候数据，从 TFP 理论出发，以农作物产量和产值作为农业产出变量，以化肥、劳动力、机械动力和有效灌溉等传统农业生产要素和气温、降水量和日照时长等气候要素作为投入变量，运用 DEA-Malmquist 方法计算得出农业 TFP 指数、技术进步指数、技术效率以及规模效率。通过对比分析是否考虑气候要素两种情况下的计算结果，评估了气候变化对浙江农业 TFP 的影响，并分析了这种影响的时空特征。该研究内容考察了气候变化对农业的整体影响，从 TFP 视角延伸了现有气候变化对农业生产影响的研究。

# 1.3 研究方法与数据

## 1.3.1 研究方法

第一，文献研究法。通过国内的知网、万方、百度学术和中国气候变化信息网"研究成果"栏目[①]，以及国外的 web of science、science direct 和 google scholar 等学术搜索平台，搜集近几十年来发表于中国科学引文数据库（CSCD）、中国社会科学引文索引（CSSCI）收录期刊和美国 SSCI/SCI 索引期刊的数百篇关于气候变化对农业生产影响的学术文献，总结主流研究方法、提炼不同学术观点、理清研究发展脉络、发现现有研究不足、寻找研究拓展空间，从而为本书奠定扎实的文献基础，指明合适的研究方向。

第二，数理统计学方法。为了更有效和准确地展现浙江 1987—2016 年气候要素分年度和分季节的变化特征，运用气候统计学中的气候倾向率、Mann-Kendell 气候突变检测等方法。此外，通过采用气候减产分析和时间序列分析

---

① 中国气候变化信息网（http：//www.ccchina.org.cn/）由国家应对气候变化战略研究和国际合作中心主办，专门发布和更新国内外与气候变化相关的科学知识、理论政策、新闻动态以及研究成果等。"研究成果"栏目旨在推送发表于国际顶级科学期刊上有关气候变化研究的最新进展。

中常用的 H-P 滤波技术等手段，从浙江农作物单产中分离出因气候因素变化冲击而产生的气候单产，并在此基础上研究气候变化对不同农作物生产波动性的影响。

第三，计量经济学方法。考虑到浙江各县（区、市）农业生产可能存在的空间相关性，运用农业生产经济学、气候经济学和空间计量经济学理论与方法，首先采用 Moran's $I$ 指数验证是否存在空间相关性，然后构建空间误差面板计量经济模型，实证估计气候要素变化以及极端气候事件对浙江主要农作物单产的影响。除此之外，为进一步研究气候变化对农业整体的影响，还从农业 TFP 视角出发，采用 DEA-Malmquist 方法，考察评估气候变化对农业 TFP 的影响作用。

## 1.3.2　技术路线

依据本书的研究目标和内容，结合所用到的研究方法，本书研究技术路线如图 1.1 所示。

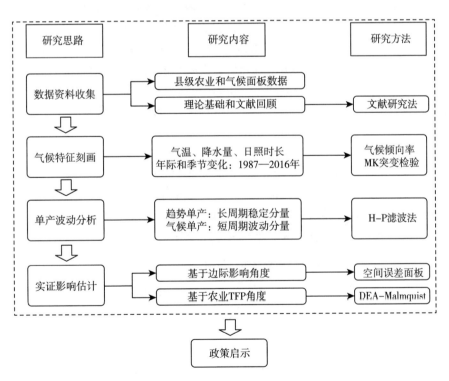

图 1.1　技术路线图

### 1.3.3 数据来源

**（1）气候数据**

本书所用气候数据主要来自两方面。

第一，1988—2017 年的《浙江统计年鉴》以及浙江省内 11 个地级市统计年鉴。这些统计年鉴记录了浙江全省以及各地级市年均以及分月的气温、降水量和日照时长数据。这部分气候数据主要用于分析浙江近年气候变化特征的章节。

第二，中国气象数据网提供的浙江 17 个典型地面气象观测站台、1996—2015 年逐日气象观测资料，包含日平均气温（0.1℃）、日最高气温（0.1℃）、日最低气温（0.1℃）、24 小时降水量（0.1 毫米）和日照时长（0.1 小时）等数据。该部分气候数据主要用于基于县级面板的计量经济实证章节。

截至 2017 年年底，浙江省共有县（自治县、区、市）级行政区 89 个，包括 37 个市辖区、19 个县级市、32 个县、1 个自治县，基于如下考量，未将 89 个地区全部作为研究样本：第一，市辖区大多行政区划面积较小，城镇化水平较高，在农业统计上，市辖区各项指标普遍较低且缺失较多，因此将各个地级市的市辖区合并为一，统一以"市区"样本进入研究；第二，杭州市的萧山区、余杭区、富阳区，宁波市的鄞州区，温州市的洞头区，绍兴市的柯桥区和上虞区，这些市辖区曾为独立的县（市），在 2000 年以后的行政区划改革中才被划归并入市区，这些市辖区环绕在市区周围，行政区划面积较其他市辖区更大，农业统计指标丰富，因此将这些市辖区单独列出作为样本。本书将浙江省县（自治县、区、市）级行政区划为 72 个样本单位，其中，杭州市划分为 8 个，宁波市 7 个，温州市 10 个，嘉兴市 6 个，湖州市 4 个，绍兴市 6 个，金华市 7 个，衢州市 5 个，舟山市 3 个，台州市 7 个，丽水市 9 个[①]。根据地理最近原则，浙江省各县（自治县、区、市）与气象站匹配情况如表 1.1 所示。平均约每 5 个县（自治县、区、市）分享 1 个气象站点数据。

**表 1.1　地面气象站与县（自治县、区、市）匹配情况**

| 气象站名 | 气象站编号 | 县（自治县、区、市） |
| --- | --- | --- |
| 湖州 | 58 450 | 湖州市区、长兴县、安吉县、德清县、桐乡市 |
| 杭州 | 58 457 | 杭州市区、余杭区、萧山区、富阳区、临安区 |
| 平湖 | 58 464 | 嘉兴市区、嘉善县、平湖市、海盐县、海宁市 |

--------

① 具体行政区域划分见附录一。

| 气象站名 | 气象站编号 | 县（自治县、区、市） |
|---|---|---|
| 慈溪 | 58 467 | 慈溪市、宁波市区、鄞州区、余姚市 |
| 定海 | 58 477 | 舟山市区、岱山县、嵊泗县 |
| 桐庐 | 58 542 | 桐庐县、淳安县、浦江县、建德市 |
| 金华 | 58 549 | 金华市区、兰溪市、义乌市、武义县、永康市 |
| 嵊州 | 58 566 | 嵊州市、绍兴市区、柯桥区、上虞区、诸暨市、东阳市 |
| 宁海 | 58 567 | 宁海县、奉化区、新昌县、天台县、三门县、象山县 |
| 石浦 | 58 569 | 温岭市、台州市区 |
| 衢州 | 58 633 | 衢州市区、开化县、常山县、江山市、龙游县 |
| 丽水 | 58 646 | 丽水市区、缙云县、松阳县、青田县 |
| 龙泉 | 58 647 | 龙泉市、遂昌县、庆元县、云和县、景宁畲族自治县 |
| 仙居 | 58 652 | 仙居县、磐安县、临海市 |
| 温州 | 58 695 | 温州市区、洞头区、永嘉县 |
| 玉环 | 58 677 | 玉环市、乐清市 |
| 平阳 | 58 751 | 平阳县、瑞安市、文成县、泰顺县、苍南县 |

**(2) 农业生产投入以及经济社会数据**

本书采用的农业生产投入数据以及经济社会数据来自《浙江统计年鉴》和浙江省内 11 个地级市统计年鉴。

1988—2017 年《浙江统计年鉴》为本书提供了浙江 1987—2016 年主要农作物生产的总产量、面积以及单产序列数据。数据用于描述样本期内浙江农业生产概况和研究气候变化背景下全省农作物生产的波动性。

1997—2016 年《浙江统计年鉴》中县域主要经济指标条目和 11 个地级市统计年鉴中分县区的统计指标，为本书县级面板计量经济模型和农业全要素生产率分析提供了数据基础。其中，农业产出变量包括农业总产值、粮食总产量和主要农作物单产水平等，农业投入变量包括农作物播种面积、化肥施用量、机械总动力以及有效灌溉等。其中，化肥施用量和机械动力投入均为亩均变量，分别由全县（自治县、区、市）化肥施用总量和农业机械总动力除以该县（自治县、区、市）农作物播种面积而来，表示该县（自治县、区、市）单位面积内生产要素投入情况；有效灌溉为有效灌溉面积占农作物播种面积的比例值，用以表示该县（自治县、区、市）的农业灌溉水平。除此之外，本书还用各县（自治县、区、市）消除通胀因素影响后的人均 GDP 与亩均农业 GDP 两个指标来表示当地经济发展和农业发展水平。本书没有将县级面板数据扩展成30 年，主要考虑到：一方面，1997 年以前县级农业统计资料数据缺失较多；

11

另一方面，本书使用的地面气象观测站台数据集收录的典型气象观测站台在1997年前后有较大变化，既有新站补充进数据集，也有老站不再被收录，这意味着气象观测站台位置发生了变化。因此，本书采用1996年及以后的农业和气候数据来进行面板数据研究。

# 1.4 框架结构

本书共分为7章，各章内容如下：

第1章，导论。本章旨在介绍研究的选题背景、理论价值和现实意义，阐明研究的目标、内容和结构安排，概述研究的主要方法、数据来源和技术路线，最后提出创新与贡献之处。

第2章，理论基础和文献综述。本章首先界定和梳理与本书密切相关的若干概念和重要理论，为后续章节开展经验实证研究建立理论基础。随后通过回顾国内外现有气候变化对农业影响的经验研究文献，找出现有研究的不足、缺陷与空白，在此基础上进行总结性评述，聚焦研究视线、提炼核心问题，以确定本书的主题和方向。

第3章，浙江气候变化特征分析。本章是对浙江1987—2016年气候变化情况的总结分析，利用气候统计学方法计算气候倾向率和检验气候突变，分年度和季节分析了气温、降水量和日照时长在30年中的变化情况，为后文研究提供相关气候变化背景资料。

第4章，浙江农作物产量波动性分析（基于气候单产视角）。本章首先概述了1987—2016年浙江主要农作物的生产现状，然后利用H-P滤波技术将浙江主要农作物产量分解成趋势产量和气候产量，并在此基础上进行气候减产分析，进一步计算不同农作物的平均减产率和减产变异系数，从统计学角度分析气候变化对浙江农作物生产波动的影响。

第5章，气候变化对浙江农作物生产的影响（基于边际影响视角）。本章是本书的核心章节之一，利用浙江1996—2015年县级农业投入产出和气候因素面板数据，构建农业生产空间误差面板模型，实证估计主要气候因素变化和极端气候事件对浙江主要农作物单产的影响程度，以及此种影响在不同农作物之间的差异。考虑到农业生产对气候变化存在适应性，本章进一步分析了气候变化的自然适应和农户对气候变化的人为适应两种适应性行为。

第6章，气候变化对浙江农作物生产的影响（基于全要素生产率视角）。本章是本书的另一个核心章节，利用浙江1996—2015年县级农业投入产出和气候因素面板数据，基于TFP理论，运用DEA-Malmquist方法，实证评估气候变化对浙江农业TFP的影响，并比较分析此种影响的时空差异。

第 7 章，结论与启示。本章就前文的研究结论进行概括性总结，并以此为基础提炼出相应的政策启示，最后指出本书的不足之处以及未来的进一步研究方向。

## 1.5　创新之处

本书研究的创新之处体现在以下 3 个方面：

第一，研究对象创新。将大麦、大豆、油菜和薯类等非主粮作物纳入研究范围，突破了现有研究主要讨论水稻（早稻、中晚稻）、小麦和玉米等主粮作物的常规思路，有助于比较分析气候变化对不同农作物生产影响的差异，加深对气候变化与农业影响关系的理解。除此之外，本书的研究区域聚焦在位于我国长江中下游农业区的浙江省，一方面丰富了我国气候变化与区域农业生产影响问题的研究，另一方面避免了因研究区域面积过大而得到有偏于具体地区实际的结论，有利于得出更具实际应用价值的研究结论和相关建议。因此，在研究对象上具有一定创新性。

第二，研究视角创新。现有研究主要从单产边际影响视角出发，根据面板数据研究气候变化对农作物单产的影响，本书在此基础上进一步考虑了农作物自然适应和农户人为适应两种气候适应行为，拓展了现有研究。除此之外，本书不仅运用气候统计学方法分解得到农作物气候单产，用以分析气候变化对农作物生产波动的影响，同时也基于 TFP 理论和方法，考察了气候变化对农业整体生产的影响，评估了气候变化在农业 TFP 变化中起的作用，从生产波动性和农业 TFP 两个视角延伸了现有气候变化对农业影响的研究。总体来说，本书从单产波动性、考虑气候适应的边际影响以及全要素生产率三重研究视角研究了气候变化对农作物生产影响这一核心主题。因此，本书在研究视角上具有一定的创新性。

第三，研究方法创新。一是本书引入农学和气候学领域的方法和概念，包括气候倾向率计算、Mann-Kendell 气候突变检验以及农作物产量滤波分解、气候减产分析等方法与技术手段，考察了气候变化条件下浙江农作物单产的波动情况；二是本书在农业生产函数模型分析基础上，借鉴了学术界最新研究思路，构建空间误差面板模型，并对现有研究中空间权重矩阵的计算方式进行标准化调整，使其能够更加精确地反映地区之间的空间相关性，从而更有效地实证估计了气候变化对不同农作物单产的影响；三是本书将气候变化因素引入农业 TFP 的研究，从 TFP 角度考察了气候变化对县级农业生产的整体影响，这在目前的研究中尚不多见。因此，本书在研究方法上具有一定的创新性。

# CHAPTER 2

# 理论基础与文献综述

本章为理论与文献回顾章节。本章内容安排如下：2.1 界定与本书密切相关且容易混淆的一些概念；2.2 介绍本书的若干理论基础，包括气候统计学理论、农业生产经济学理论、气候经济学理论、空间计量经济学理论以及全要素生产率理论；2.3 为本书文献综述，主要从气候变化对农业气候资源、农业种植制度、农作物生长发育以及农作物产量等的影响以及主流研究方法等方面，系统回顾了国内外学术界关于气候变化对农业生产影响的研究与讨论，并在此基础上进行文献述评。

## 2.1　概念界定

### 2.1.1　极端天气与气候变化

极端天气和气候变化是气候学中的主要概念，是近年来国际社会讨论较多的两个关键词，也是气候学及农学文献中常见的专业术语。极端天气指天气状态严重偏离其平均态，主要包括极端高温、极端低温、极端干旱、极端降水等，特点是发生概率小、社会影响大，在统计学意义上属于不易发生的事件；气候变化指气候平均状态在统计学意义上的巨大改变或持续较长一段时间的天气变动，包括平均值和变率两方面的变化（陈星，2014）。《框架公约》将气候变化定义为"在较长的期间内，由人类活动直接或间接地改变全球大气组成而导致的气候状况改变"（UNFCCC，2017），IPCC 的界定则包含了自然和人类两方面的影响（IPCC，2014）。农业领域研究通常采用 IPCC 的界定。

极端天气一般在较短时间内发生，而气候变化通常是一个缓慢的过程。从目前掌握的事实来看，极端天气发生的频率与气候变暖的趋势大致相符，因此，气候变化可以被认为是极端天气频发的大背景。

### 2.1.2　趋势产量与气候产量

趋势产量与气候产量是气候学和农学中的重要概念，农作物产量可以分解成趋势产量和气候产量两部分，其中，气候产量有助于人们了解天气因素或气候变化对农作物产量的影响（房世波，2011）。趋势产量指在长时间序列的农作物产量中，反映历史时期生产力水平发展的长周期产量分量，用来表现社会经济发展、农业科技进步等因素对产量增长的贡献。气候产量指受以气候要素为主的短周期变化因子（如天气突变、农业气象灾害等）影响的波动产量分量。

现有相关研究一般通过使用气候统计学方法将趋势产量和气候产量从农作物产量中分离出来，然后再基于气候产量进一步研究农作物产量的波动性。农作物总产量或单产均可以用于产量分解，但考虑到种植面积波动会对总产量造成较大影响，本书中的趋势产量和气候产量均为单产指标。

### 2.1.3 有效积温与活跃积温

积温是农学中的重要概念，是与农作物生长发育关系最密切的指标之一。有效积温指农作物在某个生育期或全部生育期内有效温度的总和，是某一段时间内日平均气温与生物学零度之差的总和。有效积温是反映生物生长发育对热量的需求或衡量地区热量资源的指标。活跃积温指有效积温和无效积温的总和，其中，无效积温指低于生物学临界温度的积温，这部分积温对农作物生长不起作用。温度越低，活跃积温中无效积温的比例越高，会影响生物学热量计算的有效性（申双和，2017）。

不过，当温度上突破某一界限以后，农作物的生长发育可能会停止加速，增温甚至会起抑制作用。只有在适宜温度范围内，农作物的发育速度才会与温度成比较明显的线性关系。

## 2.2 理论基础

### 2.2.1 气候统计学理论

气候统计学是使用数理统计方法分析气候资料、研究气候现象和推断气候规律的科学。古代气候统计是一种经验总结，主要依靠人们对天气现象和农事活动的长期观测和规律性推断，而现代气候统计学的理论基石是概率论。从20世纪20年代开始，概率论被广泛运用于气候统计分析，奥地利气候学家Victor Conrad 总结了前人相关研究并综合自己的研究成果，编著了《气候学中的方法》（Conrad，1944），自此，现代气候统计学理论与数理统计方法的发展密不可分。随着计算机等信息技术不断进步，气候统计的计算精度、深度和效率大大提高，自20世纪中叶以来，气候统计学理论的发展可以分为3个阶段，经历了两次重大跨越（魏凤英，2006）。首先，从"经典气候统计"跨越到"现代气候统计"，在计算机技术的辅助下，气候统计学家从只能进行相对简单的描述性经典气候统计分析，进阶到能够完成小波分析、突变分析等。进入80年代后，计算机技术突飞猛进，气候统计学从"现代气候统计"跨越到"气候统计动力研究"，研究内容更贴近实际应用，研究视野也更为宏大，气候的模拟和预测普遍采用大气环流模式或耦合模式，有关气候信号检测和推断的方法更加复杂，计算精度更高，范围尺度更加灵活。

本书第3章借鉴气候统计学理论中气候倾向率的计算方法和气候突变的检测方法，考察了浙江1987—2016年气温、降水量和日照时长三大主要气候要素的年际变化和季节变化情况。另外，农作物气候产量的分解方法以及气候减产分析也属于气候统计学范畴，本书第4章计算和分析气候单产时同样借鉴了气候统计学理论。

## 2.2.2 农业生产经济学理论

农业生产经济学是研究农业生产活动中各项资源配置、要素利用效率、生产经营规模以及农户生产行为等经济问题及其最佳解决方法的科学，以经济学基本理论为指导，为农业生产决策服务，通常被视为农业经济学中最重要也是最基础的分支。农业生产经济学研究一般需要通过构建农业生产函数来反映农业生产活动中各类要素投入与农业产出品的技术与数量关系，其一般分析框架如下：

$$Y = f(A, L, K, C, R) \qquad (2-1)$$

其中，$Y$ 为农业产出变量，通常指农作物产量、单产或产值；$A$ 表示农作物播种面积；$L$ 为农业劳动力数量；$K$ 代表种子、化肥、农药等其他农业生产要素投入；$C$ 反映自然或气候要素，主要包括与农业生产密切相关的气温、降水和日照等气候要素；$R$ 为其他可能影响农业生产的因素，如地理区域差异、相关农业政策以及农业技术进步等。

由于农作物品种繁多，生产过程和投入要素复杂多样，生产环境和自然条件各不相同，因此农业生产函数模型形式需要灵活多变，以应对具体的农业生产条件。在农业生产经济学理论中，农业生产函数模型根据投入要素间的替代弹性，可以分为以下几种：第一，不变替代弹性（Constant Elasticity of Substitution，CES）生产函数模型，在该模型框架下，农业生产投入品之间的替代弹性保持不变（Arrow et al.，1961）；第二，可变替代弹性（Variable Elasticity of Substitution，VES）生产函数模型，该模型与CES生产函数模型相对应，农业生产投入品之间的替代弹性会发生变动（Revankar，1971）；第三，柯布-道格拉斯（Cobb-Douglas，C-D）生产函数模型，该模型是生产函数模型的特殊形式，其农业生产投入品之间的替代弹性恒定为1（Cobb et al.，1928）。由于模型形式简洁明了、计算简便易行、投入产出关系清晰、经济解释能力较强，C-D生产函数模型在农业经济学研究中得到广泛应用，该模型的一般形式如下：

$$Y = \alpha L^{\beta_1} K^{\beta_2} \qquad (2-2)$$

其中，$Y$ 为产出指标，$L$ 和 $K$ 分别代表劳动力和各项资本投入，$\alpha$ 为效率系数，通常表示生产过程中的技术水平，$\beta_1$ 和 $\beta_2$ 则分别表示劳动力和各项资本投入的产出弹性系数，反映劳动力和各项资本投入在总产出中的贡献份额。对式（2-2）两边取对数可得：

$$\ln Y = \ln\alpha + \beta_1 L + \beta_2 K \qquad (2-3)$$

式（2-3）是典型的多元线性函数模型，运用回归等计量经济技术手段，便可实证估计出 $\beta_1$ 和 $\beta_2$。

本书第 5 章基于农业生产经济学理论，构建了包含气候要素、传统农业投入以及社会经济要素的农业生产函数模型，实证估计不同气候要素变化对不同农作物单产的边际影响。

## 2.2.3 气候变化经济学理论

气候变化经济学或气候经济学，主要探讨气候变化与经济系统的联系，是经济学科中比较新的一个研究分支。在 20 世纪 70 年代末，美国经济学家 William Nordhaus 率先开始讨论经济发展与 $CO_2$ 浓度问题，他认为气候变暖已经对经济系统造成损害，而减少 $CO_2$ 等排放的政策措施只有通过经济系统才能实现（Nordhaus，1977，1982）。William Nordhaus 将气候变化这一属于传统自然科学范畴的研究切入社会科学研究中，开创了气候变化经济研究的先河（向国成等，2011）。90 年代，气候经济理论进入模型化快速发展阶段。Nordhaus（1991）和 Cline（1992）创造性地构建了气候变化综合评价模型（Integrated Assessment Model，IAM），此类模型的基本框架是：以新古典增长模型为基础的经济系统再运行过程中不断产生 $CO_2$ 等温室气体，这些温室气体导致生态系统发生变化，反过来又影响到经济系统，形成循环。在 IAM 基础上，学术界开发了 DICE（Nordhaus，1994）、MERGE（Manne et al，1995）、RICE（Nordhaus et al.，1996）和 FUND[①]（Tol，1997）等改进版的气候经济模型。在实际研究和使用中，这些基于 IAM 的气候经济模型不断被优化（张莹，2017）。

---

① DICE, Dynamic Integrated Model of Climate and the Economy（动态综合气候变化经济影响模型）。

MERGE, Model of Estimating Regional and Global Effects（地区和全球效应估计模型）。

RICE, Regional Integrated Model of Climate and the Economy（地区综合气候变化经济影响模型）。

FUND, Climate Framework for Uncertainty, Negotiation and Distribution（气候不确定性谈判与分配框架）。

Stern（2006）在经济增长理论基础框架下，利用成本-收益分析法，全面评估了气候变化与经济增长的关系，认为现有的气候经济模型大多低估了气候变化的风险与成本，因此极力主张各国政府急需采取强有力的减排措施，以应对全球气候变化可能带来的经济损失[①]。然而，不少气候经济领域的权威专家对 Stern 提出疑问，认为他在研究中贴现因子设置过低，同时忽略了气候变化难以量化的不确定性（Weitzman，2007；Nordhaus，2007）。相对于 Nicolas Stern 激进的减排主张，William Nordhaus 和 Martin Weitzman 的减排建议是渐进的，认为发展中国家的减排力度可以随着技术和经济水平的发展逐渐增大。Acemoglu 等（2012）在增长模型中引入了导向性技术变迁视角（Directed Technical Change，DTC），建立污染和清洁两部门模型，得到的结论更为中立：气候政策应当根据两部门投入品替代强度高低作出相应调整，污染和清洁投入品替代强度高时，结论与 William Nordhaus 等人相近，只要为清洁部门提供补贴或对污染部门征税，就可以诱导社会向清洁部门倾斜，推动经济可持续发展；若替代强度较弱，则结论会靠近 Stern 报告，需要强有力的政策干预，控制人为造成的气候灾难。2018 年诺贝尔经济学奖授予美国经济学家 William Nordhaus，一方面表彰他将气候变化纳入长期宏观经济分析的开创性工作，另一方面也向全人类发出一个信号：气候经济学研究日益重要，若继续放任气候与环境恶化，人类社会必将承担长期福利损失的恶果，如何平衡经济发展与未来福利的得失，如何应对国际社会关于温室气体排放的争议，已经成为全人类急需解决的问题[②]。

由于农业生产受气候变化的影响更直接，气候变化与农业经济系统的关系较其他经济系统更为紧密，气候经济理论是本书第 5 章和第 6 章中包含气候要素的模型构建的核心理论基础。农业生产活动在受气候变化影响的同时，也以碳排放等形式反作用于气候变化，直接或间接加速了全球气候变暖进程，气候经济学理论的核心议题是如何减少 $CO_2$ 等温室气体排放。我国是人口大国，也是农业大国，更是负责任的大国，气候经济学理论有助于本书在主要研究结论基础上，进一步提出我国农业应对气候变化过程中有关减排的政策建议。

## 2.2.4　空间计量经济学理论

空间计量经济学是计量经济学的一个分支，是研究如何处理面板数据或横

---

① 2006 年，英国经济学家 Nicolas Stern 在英国政府的支持下发表了《气候变化经济学：Stern 报告》（*The Economics of Climate Change：Stern Review*），该报告在气候经济学界引起广泛关注与讨论。

② 王慧. 气候变化经济学日益重要 [EB/OL].［2018 - 10 - 18］. http：//www. ccchina. org. cn/Detail. aspx？newsId＝70888&. TId＝59.

截面数据中可能存在的样本间相互作用（空间自相关问题）和样本分布不均匀（空间结构问题）的科学（陈建先等，2012）。空间计量经济学最早由 Pealinck 和 Klaassen（1979）提出，他们认为空间计量经济学应服务于复杂区域间的空间关系问题。Anselin（1988）进一步将空间计量经济学定义为处理区域经济问题研究中，由空间因素带来的特殊性质的一系列技术手段与方法。从农业区位论（von Thunen，1966）、工业区位论（Weber，1929）到"中心-外围"模型（Krugman，1991），资源分布的区域性导致空间内的任何区域都无法孤立发展，经济活动与空间因素始终无法分离，随着地理信息技术的发展，空间计量经济学也在主流经济学实证研究中受到广泛关注并被广泛采用（Anselin et al.，1995；陈强，2014）。

空间计量经济学相较于一般计量经济学，最鲜明的特征在于考虑了样本之间的空间依赖性（Spatial Dependence），即空间距离越近的样本，在经济活动各方面均比距离较远的样本更相似。以样本之间的地理距离、是否相邻等为标准，判断其空间依赖性程度，研究人员便可构建空间权重矩阵（Spatial Weighting Matrix）用于后续空间计量经济分析（张可云等，2016；周建等，2016）。空间依赖性可以用空间数据序列自相关来表达，即构建空间自回归模型（Spatial Auto-Regression，SAR）：

$$y = \lambda W y + X \beta + \varepsilon \qquad (2-4)$$

其中，$y$ 为样本被解释变量，$W$ 为根据样本相似性程度构建的空间权重矩阵，$Wy$ 是空间滞后项，$\lambda$ 是空间自回归系数，反映空间滞后项对 $y$ 的影响。$X$ 为一组影响 $y$ 取值的其他解释变量矩阵，$\beta$ 为相应系数。

空间依赖性也可以用误差项相关性来表达，即构建空间误差模型（Spatial Error Model，SEM）：

$$y = X \beta + \mu$$
$$\mu = \rho W \mu + \varepsilon; \varepsilon \sim N(0, \sigma^2 I_n) \qquad (2-5)$$

其中，$\mu$ 为误差项，$W\mu$ 为误差空间扰动项，$\rho$ 为误差空间扰动系数。当 $\rho = 0$ 时，SEM 模型可简化为一般线性模型。

在空间计量经济学中，空间依赖性还可以有一种特殊的形式，即某一样本的被解释变量受其他样本的解释变量影响，基于此建立的空间计量经济模型被称为空间杜宾模型（Spatial Durbin Model，SDM）：

$$y = W X \delta + X \beta + \varepsilon \qquad (2-6)$$

其中，$WX\delta$ 表示其他样本解释变量对 $y$ 的影响，$\delta$ 为相应的影响系数。

空间自回归模型、空间误差模型和空间杜宾模型是空间计量经济学理论中最基本的 3 个模型，在实证研究中，通常需要同时考虑空间滞后项和误差空间扰动项的双重影响，因此空间自回归模型和空间误差模型也会被结合起来研究。

考虑到浙江各区县之间气候条件、社会经济条件可能存在的空间相关性，本书第 5 章基于空间计量经济学理论，构建空间误差面板模型，将空间相关性纳入研究框架中。

## 2.2.5 全要素生产率理论

全要素生产率表示生产活动中总产出与总投入的比值关系，全要素生产率理论旨在研究所有生产投入要素能够创造多少最终产出的问题，因此全要素生产率是一个衡量生产活动投入产出效率的经济指标。与单要素生产率相比，全要素生产率可以在更广阔的视野下研究生产率问题，能够更全面地评价生产要素的投入情况，从而反映特定经济系统内的生产效益问题和宏观经济增长情况。当代经济学研究中的"生产率"一般指全要素生产率。

全要素生产率理论发端于 20 世纪 40 年代，全要素生产率的概念最早由荷兰经济学家 Tinberger 于 1942 年提出，他认为生产函数应当包含时间因素，以便于测定生产效率的变动。美国经济学家 Kendrick（1951）进一步指出只有通过考察所有生产投入要素和全部产出品的数量与结构关系，才可以计算捕捉到生产效率的整体变化。美国经济学家 Solow（1957）创造性地将技术进步引入一般经济增长模型中，不能被生产投入要素增长解释的经济增长部分，即"Solow 余值"，归因为技术进步。美国经济学家 Denison（1962）在 Solow 的研究基础上，进一步提出了测算全要素生产率增长率的方法，他的算法也被称为"增长核算法"，是计算全要素生产率的代表性方法之一。增长核算法先决假定了生产活动是技术有效的，才能将 Solow 余值归结为技术进步带来的增长。然而在实际生产中，技术往往是无效的，无法达到最优生产可能性边界或生产前沿面，但技术进步能够推动生产前沿面向上方移动。实际生产状态始终与当前技术条件下的生产前沿面存在差距，这一差距能够反映当前生产的有效性程度，即技术效率。除技术效率以外，全要素生产率理论还涵盖配置效率和规模效率，前者讨论的是各种生产投入要素中的优化配置问题，后者则涉及生产规模报酬问题。

关于全要素生产率中技术效率、配置效率和规模效率的计算，学术界主要采用随机前沿分析（Statistic Frontier Analysis，SFA）和数据包络分析（Data Envelement Analysis，DEA）两种方法。SFA 方法主要基于计量经济学理论，一般通过 C－D 生产函数或超越对数（Translog）生产函数，采用面板数据估计全要素生产率，并从全要素生产率增长率中分解出技术效率等。DEA 方法本质上是数学规划方法，通过构建现有观测数据的生产包络面来计算各类效率。SFA 方法适用于大样本微观数据研究，而 DEA 方法由于无须设定具体生产函数形式，适用面更广，适合"多投入多产出"复杂经济系统的全要素生产率研究。

在本书中，全要素生产率理论主要运用于第 6 章的全要素生产率计算方法选择与模型构建，将气候要素同其他农业生产投入要素一起纳入全要素生产率分析研究框架。

## 2.3 文献综述

农业生产不仅关系农民生活生计，更与全人类对食物和营养的长期需求密切相关，气候变化对农业生产的影响问题，本质上是粮食安全问题，也是可持续发展问题。目前学术界关于气候变化对农业生产影响的研究已较为丰富，相关学者从农业气候资源、农业种植制度以及农作物生长发育 3 个角度探讨了气候变化的影响，而这 3 方面影响，最终都会综合反映到农作物产量的变化上来，因此更多的研究集中于气候变化对农作物产量的影响。

### 2.3.1 气候变化对农业气候资源的影响

农业气候资源主要指农业生产中必需的热量资源、光照资源以及水分资源，能够为农作物生长提供不可或缺的物质要素和能量源泉，一般而言，以气候变暖为主要特征的气候变化，能够为农业生产提供更丰富的热量资源，起到改善农业热量条件的作用。

杨晓光等（2011）研究指出，1961—2007 年全国平均气温倾向率为 0.28℃/10 年，全国农业热量资源水平提高明显；然而光照和水分气候资源条件增减共存，长江中下游地区年日照时数下降最多，华北地区年降水量减幅最大。梁玉莲等（2015）发现，新中国成立以来，全国农业热量资源总体增加，西北干旱和半干旱地区的农业热量资源增幅高于中、东部湿润和半湿润地区，另外，全国光照资源和降水量总体呈减少趋势。李萌等（2016）将研究区间聚焦于 1980—2010 年，认为全国热量资源在这段时间内增幅明显，空间上表现为"东南高，向西、向北递减"；全国大部分地区的水分及光照资源出现下降趋势，降水量在空间上表现为"东多西少"，日照时长则表现出由西南地区向其他地区逐步上升的态势。汤绪等（2011）借助区域气候模式、农地生态地带模型和 IPCC 提供的未来气候变化数据指出，我国 10℃以上积温条件未来可以得到明显改善，农业热量资源将更加丰富；西北地区降水有所增减，从而可以改善较为干旱的现状，而中南部地区则可能面临降水量过多的不利情况。

除了全国层面的研究，不少学者还分地区更具体地研究了气候变化对农业气候资源的影响问题。1961—2007 年，我国华南地区气温平均增速为

0.2℃/10 年，积温达 6 200℃以上的面积明显增加，日照倾向率为－57 小时/10 年，降水量稍有增加（李勇等，2010）。东北地区气温倾向率达 0.38℃/10 年，10℃以上积温明显上升，农业热量资源条件得到极大改善，但日照时长和降水量呈不同程度的下降趋势（刘志娟等，2010）。西北地区增温明显，气温倾向率达 0.35℃/10 年，10℃以上积温倾向率达 50℃/10 年；日照时长有所减少，但存在区域差异；年降水量总量偏少，但有一定增加趋势（徐超等，2011）。西南地区气温倾向率为 0.18℃/10 年，10℃以上积温明显上升，日照时长有所增加，但年降水量有所减少（代姝玮等，2011）。在我国长江中下游和黄淮海农业区，0℃以上和 10℃以上积温明显增加，农业热量资源条件改善，但日照时长和降水量呈不同程度的下降趋势（李勇等，2010；刘志娟等，2011）。张煦庭等（2017）对温带地区农业热量资源的研究进一步佐证，积温低值区域逐渐减少，我国农业热量资源不断改善。

基于上述研究不难发现，气候变化对我国农业气候资源影响的主要特点为有助于改善农业热量条件，表现为平均气温升高、0℃或 10℃以上积温增加。历史数据显示大部分地区降水量和日照时长呈减少趋势，但该趋势并不明显。总体来看，我国华南地区、西北地区大体呈现"增暖微湿"的农业气候资源变化特征，东北地区、长江中下游地区西南地区和黄淮海地区则呈现"增暖微干"的农业气候资源变化特征。

## 2.3.2 气候变化对农业种植制度的影响

农业种植制度是根据农作物的生理生态特性和一定的自然、经济和生产条件采用的特定农作物种植策略与体系。在气候变化背景下，随着农业气候资源条件改变，农业种植制度所受的影响主要体现在农作物适宜种植区域边界的移动、农作物在特定区域复种指数的变化以及特定区域内不同农作物轮作体系的变更。

杨晓光等（2010）研究发现：我国水稻、小麦和玉米等主要农作物的种植北界均有移动；我国冬小麦和双季稻的种植北界北移，意味着华北部分原本种植春小麦的地区可以改种冬小麦，长江以北部分原本只种单季稻的地区有条件改种双季稻；另外，由于降水量减少，我国中原以及华北地区雨养冬小麦—夏玉米轮作区域的稳产北界逐渐往降水资源更丰富的华东地区以及沿海方向移动。赵锦等（2010）分析了南方 15 个省（自治区、直辖市）农业生产和地面气象数据后发现，我国华南多熟种植区域扩大，种植界限存在"西进东扩"现象，平均向西推进了约 0.25 经度，向北扩张 0.2 纬度；而一年一熟和两熟区面积有一定缩小趋势。李克南等（2013）基于我国北方 14 个省（自治区、直辖市）农业生产数据和地面气象数据，认为我国北方地区一年一熟和一年两熟种植界限变化明显，一年两熟区存在"西进东扩"现象，而且该现象在东北地区表现得更为明显。

1980—2010 年，气候变暖使我国农作物生长等积温线不断往北移动，适宜种植水稻的面积逐渐向北扩张，面积增幅达 4%，其中东北地区扩张最为明显（Liu et al.，2014）。王晓煜等（2016）研究了黑龙江省寒地水稻种植冷害安全界限后发现，1981—2010 年水稻种植冷害安全北界与 1961—1980 年相比，平均北移了 121 千米，最大北移距离达 216 千米，有关区域水稻种植面积相应增加了约 330 万公顷。根据积温 2 000℃估算，黑龙江省的水稻潜在种植区北界可以向北挪动大约 4 个纬度，集中连片种植区也可以向北挪动大约 1 个纬度（张卫建等，2012）。从全国层面上看，气候变化对北方地区水稻种植区界限变化的影响高于南方地区，但南方地区双季稻种植的平均北移程度也达到了 30 千米以上，而且高适宜双季稻面积显著扩大（杨晓光等，2010；段居琦等，2013）。除水稻以外，赵锦等（2014）发现 1981—2010 年东北春玉米种植北界与1961—1980年相比，至少向北挪动了 158 千米，可种植面积增加了近 400 万公顷。随着气候变暖，东北地区玉米可种植地区北界"北移东扩明显"，而且早、中、晚熟等不同品种玉米均可在东北地区种植（王培娟等，2011）。李克南等（2013）和孙爽等（2015）发现我国冬小麦种植适宜区同时向东、北和西 3 个方向移动，种植北界北移明显，并有向东北地区移动的趋势。在我国南方农业多熟轮作区，同样存在农作物种植界限明显移动与种植面积显著增加的现象。1981—2007 年，江淮两熟地区的小麦—水稻轮作系统种植区域北界与 1961—1980 年相比，向北移动了约 8 千米，而长江中下游两熟区（小麦—水稻或双季稻轮作系统）以及三熟区（小麦—双季稻轮作系统）的北界也存在北移现象，北移距离较江淮地区稍短，约为 6.4 千米（赵锦等，2010），根据李勇等（2013）定量计算，1981—2010 年，长江中下游地区双季稻的安全种植面积增加了约 1 150 万公顷。

除了基于历史观测数据的研究，也有学者采用 IPCC 提供的若干未来气候变化情景以及不同的区域气候模式，模拟预估我国未来农业种植制度的变化。杨晓光等（2011）的模拟结果表明，到 2040 年，我国大部地区一年两熟或三熟的种植区域北界北移趋势仍将持续，传统春玉米一熟系统可能会被"小麦—玉米"二熟轮作系统取代，更多的"小麦—水稻"二熟地区会逐渐向"小麦—双季稻"三熟区转型。刘志娟等（2010）模拟了东北地区未来春玉米种植制度的变化后指出，到 2050 年，早熟春玉米种植区域北界将进一步北移至黑龙江省最北端，中熟春玉米种植区域界限会东移大约 1.5 个经度，而在 2070 年后，农业气候资源条件可以允许东北地区全境种植晚熟春玉米品种，春玉米可种植面积在未来几十年中将不断扩张。

基于上述研究不难发现，气候变化对农业种植制度的影响主要表现为气候变暖使水稻、小麦和玉米等我国主要农作物可种植区域或安全种植区域界限北移且面积扩大，而且这种趋势仍将持续。另外，在农业热量资源条件允许的情况下，原本一年只能一熟或两熟的地区可以逐渐向多熟地区转型，农作物轮作系统的选择也更加多样化。

### 2.3.3　气候变化对农作物生长发育的影响

气候变化对农作物生长发育的影响机理主要分为两方面：一方面，气候变化可能导致一年中气象条件适宜农作物生长发育的时长发生变化，即生长季的长短改变使农作物生长发育的时间出现差异；另一方面，农作物在生长发育阶段（生育期）中所处生长环境的气温、湿度、光照以及 $CO_2$ 浓度等发育必备条件由于气候变化而发生改变，进而影响到农作物生长发育过程。

在当前气候变暖条件下，春天通常来得更早，秋天去得更晚，全年生长季有所延长，当前全球各地生长季大约比 20 世纪中期延长了 10～20 天（Linderholm et al.，2008）。1961—2000 年，我国生长季平均延长了 6.6 天，北方地区为 10.2 天，高于南方地区的 4.2 天（徐铭志等，2004）。Song 等（2010）进一步考察了我国生长季的始日和终日，指出 1951—2007 年，北方地区生长季始日倾向率为 −1.7 日/10 年，终日倾向率为 0.6 日/10 年，生长季持续时间倾向率达 2.3 日/10 年；南方地区生长季始日倾向率为 −0.6 日/10年，终日倾向率为 0.7 日/10 年，生长季持续时间倾向率达 1.3 日/10 年。总体来说，北方地区生长季持续时间延长幅度比南方地区更明显，生长季始日的提前速率更快。但 Chen 等（2019）通过分析全球温带 4 个树种的逾百万条叶片物候记录发现，春季展叶的时间和秋季叶片衰老时间在 1951—1980 年呈正相关，随着气候变暖的持续，自 2000 年以来，由于叶片展开降低，生长季的长度不再增加。

农作物生长需要一定的热量条件，温度是影响农作物生长发育的最关键因素之一。气温在一定范围内升高，有助于加快农作物发育生理进程，缩短农作物生育期。崔读昌（1995）综合多方面研究材料估算得到：气温每升高 1℃，我国早稻以及单季晚稻全生育期平均缩短 7～8 日，冬小麦全生育期平均缩短约 17 日，越冬农作物生育期长短受气候变暖影响更明显。我国大部分水稻主产区，包括长江中下游、华南和华北等地区的双季稻或三季稻全生育期基本呈缩短趋势，东北地区单季稻全生育期则有所延长，倾向率约为 3 日/10 年（曾凯等，2011；张卫建等，2012）。气候变暖使我国北方地区春玉米适宜播期提前，在黄淮海地区"小麦—玉米"一年两熟轮作制度下，农作物的生长季延长，生育期缩短，使延迟播种春小麦和夏玉米成为可能（雷秋良等，2014）。

在气候变暖条件下，农作物的春季适播期可能会提前，秋季适播期也会相应延后，传统作物品种生育期普遍缩短，但农作物生育期的变化仍会受品种以及田间管理的影响（雷秋良等，2014）。Tao 等（2013）对我国1981—2009年水稻生育期观测数据进行分析，研究表明：我国水稻播种和移栽期提前，双季稻中早、晚稻的成熟期均有提前，但单季稻成熟期有所推后。另有研究得到了类似的结论，我国晚稻生育阶段正在缩短，但单季稻的各生育阶段，包括营养生长期、生殖生长期，均有不同程度延后，并最终导致单季稻全生育期延长（Liu et al.，2012；Zhang et al.，2013；Zhang et al.，2014）。造成单季稻和晚稻生育期长短变化相反的原因可能是农民在生产活动中的决策不同。一方面，为了避免单季稻生长发育的关键期，比如抽穗扬花阶段受夏季连续高温影响，农民可能选择提早播种，另外基于充分利用热量资源的原因，农民也可能倾向于选择生育期较长的水稻品种或推迟秋收；而对于晚稻来说，农民可能倾向于避免秋后水稻成熟期降温甚至低温的影响，从而有意缩短晚稻的全生育期（Liu et al.，2012；张卫建等，2012）。

气候变化除了影响农作物生育期外，农作物生育期内由气候变化引发的极端天气事件，如极端低温（冻害）和极端高温（热害）等，对农作物生长发育的打击是毁灭性的。我国农业冻害一般发生在东北地区，当气温持续低于0℃时，农作物体内水分容易凝结成冰，阻碍农作物正常生理活动。在当前气候变暖条件下，我国农业冻害频次有所降低，高温热害成了我国农业生产面临的主要气候挑战（吕晓敏等，2018）。高温热害多发于我国长江中下游以及华南地区，且有随气候变化愈发严重的趋势（杨太明等，2013；谭诗琪等，2016）。由于这些区域为我国水稻主产区，因此水稻生产受生育期内高温热害影响较为频繁与严重。一般来说，气温持续高于30℃时，农作物的生理活动将会持续减缓，而气温高于35℃时，农作物的光合作用和呼吸作用将会急剧减弱甚至停止（田小海，2007）。水稻在抽穗扬花阶段对温度非常敏感，最适宜温度在25～28℃，一旦日均气温连续3～5日在30℃以上，或最高气温超过35℃，花粉活力下降明显，水稻开花受精将受到严重影响，提高籽粒产生空、秕粒的概率（吴超等，2014）；而在水稻灌浆成熟期，持续的高温会使水稻籽粒灌浆不完全，结实不饱满，发育成熟时间过短，造成粒长、粒宽减小以及粒重下降，最终导致水稻产量下降和品相降低（吴超等，2014）。除此之外，高温热害还可能降低水稻籽粒中直链淀粉含量，并最终影响水稻营养品质（高焕晔等，2012）。

基于上述研究不难发现，气候变化对农作物生长发育的影响主要表现在以下几个方面：第一，农业热量资源改善，农作物生长发育过程加速，全生育期普遍缩短;第二,农作物适宜播期提前,成熟期推迟,因此为了充分利用生长季热量资源,一年一熟作物比如单季稻,全生育期可能延长;第三,农作物生长期内的极端气候现象,尤其是高温热害,对农作物生长发育影响较大,并最终影响到农作物产量以及品质。

## 2.3.4　气候变化对农作物产量的影响

气候变化对农业气候资源、农业种植制度以及农作物生长发育的影响,最终都会反映到农作物产量的变化上。农作物的产量问题不仅是农学中的一个产出指标,更是关系到农民生活和农业发展的重要经济指标。对于广大发展中国家来说,农作物产量,尤其是粮食产量的高低可能会直接影响到农民的收入水平,甚至是决定贫困人口能否摆脱饥饿的最关键因素。在当前气候变化背景下,农业生产首当其冲,气候变化对农作物产量的影响问题,既是关系到农民生活生计的民生问题,也是关系到未来人类社会粮食安全的可持续发展问题,这一问题引起了国内外学者的广泛关注与讨论。

**(1) 气候变化对水稻产量的影响**

水稻是世界三大主粮作物之一,主要种植于中国、日本等东亚地区,印度、孟加拉国等南亚地区以及越南、缅甸等东南亚地区,因此关于气候变化对水稻产量的影响问题研究大多集中于这些地区。2017 年,全球水稻种植面积为 1.67 亿公顷,总产量达 7.7 亿吨,分别占世界谷物种植面积和总产量的 22.9% 和 25.8%,其中,我国水稻种植面积达 0.37 亿公顷,总产量达 2.14 亿吨,分别占世界水稻种植面积和总产量的 22.2% 和 27.8%,是名副其实的世界水稻种植第一大国[①]。大米是全世界半数以上人口的主要口粮,也是我国近七成人口主要的淀粉和热量来源。因此,水稻的稳定生产是关系到全世界绝大多数人口的粮食安全问题。当前气候变化对全球水稻产量以负面影响为主,在不同区域和条件下,气候变化影响的具体方向仍存疑 (Lv et al., 2018)。

Rahman 等 (2018) 采用 MAGICC/SCENGEN 气候模型和 DSSAT-CERS RICE 作物生长模型研究了孟加拉国气候变化对水稻生产的影响,研究发现:到 2100 年,孟加拉国中北部地区增温幅度将超过 5℃,水稻产量将在当前水平下锐减 67.8%。Dasgupta 等 (2018) 根据计量经济分析预测发现,2050 年孟加拉国沿海地区水稻产量会在气候变化条件下下降 5.6%~7.7%。Samiappan 等 (2018) 利用面板数据回归模型和区域气候模型研究发现,到 21 世纪中叶,印度南部地区水稻产量将增长 10%~12%。而 Pranuthi 等 (2018) 基

---

[①]　数据来源:笔者根据联合国粮食及农业组织网站 (http://www.fao.org/faostat/en/#data/QC) 整理计算。小麦和玉米的统计数据来源相同。

于 PRECIS RCM 气候数据和 DSSAT - CERES RICE 模型研究发现，气候变化对印度北部地区水稻生产有负面影响。

气候变化对我国水稻产量的影响存在显著的区域差异和轮作品种差异，而且积极、消极影响并存（Piao et al.，2010；矫梅燕，2014）。Chen 等（2014）利用我国 1961—2010 年省级面板数据研究发现，气候变暖使我国单季稻增产了约 11%，但双季稻却在同样增温条件下减产了 1.9%。崔静等（2011）认为农作物生长期的温度升高和降水量增加对单季稻单产具有消极影响，而且存在地区差异性。Yang 等（2014）在 DSSAT-CERES RICE 模型框架下对 1961—2010 年的数据研究发现，水稻生长期气温每升高 1℃，我国水稻单产大致下降 4%。李琪等（2014）同样利用 DSSAT-CERES RICE 模型分析得到了类似的结论，生长期持续高温会使水稻产量明显下降。而 Yu 等（2012）利用 Agro - C 模型研究了 1980—2009 年气候变化对我国水稻单产的影响，结果发现气候变暖总体有利于水稻增产，其中，单季稻、早稻和晚稻的单产分别提高 3.4%、4.8% 和 7.8%。陈帅等（2016）利用我国 1996—2009 年县级面板数据和空间误差模型研究发现，气候变化对我国水稻生产影响存在先上升、后下降的倒"U"形关系，短期内的气候变暖有利于我国水稻增长，而到 21 世纪末，我国水稻单产有可能在当前水平下下降 2%～10%。

分地区来看，基于我国东北地区历史气温变化和水稻生产数据的研究表明，气候变暖对我国寒地单季稻单产水平和总产量明显有利（Tao et al.，2008；Xiong et al.，2014；Zhang et al.，2014），而且预测结果表明，这种增产趋势在 2030 年前将继续存在，2030 年之后尚不明确（Masutomi et al.，2009；Li et al.，2014）。Lv 等（2018）基于 DSSAT - CERES RICE 模型研究发现，气候变化不利于我国华中地区水稻生产，即便是考虑到 $CO_2$ 肥效作用，华中地区单季稻单产到 21 世纪中叶仍会比 21 世纪前 10 年下降 10%～11%。Liu 等（2016）基于 1980—2012 年水稻生产和气候数据进行回归计量经济分析发现，在气温、降水和日照三大气候要素变化的综合作用下，我国南方地区双季稻生产总体受益，早稻和晚稻单产分别增长了约 0.51% 和 2.83%。而周曙东和朱红根（2010）基于历史数据构建了水稻生产"气候-经济"模型，研究发现气候变化对我国南方稻区生产的影响是负面的，气温每升高 1℃，水稻单产下降 2.52%～3.48%。杨沈斌等（2010）利用 ORYZA 作物生长模型和 PRECIS 区域气候模式，研究了气候变化对长江中下游地区水稻生产的影响，模拟结果显示，即使考虑了 $CO_2$ 肥效作用，2021—2050 年长江中下游水稻产量也会较 1961—1990 年下降 5.1%～5.8%。Tao 等（2013）基于历史面板数据进行计量经济分析后发现，在 1981—2009 年，气候变化使我国长江中下游地区单季稻单产下降了 7.14%～9.68%，晚稻单产上升了 8.35%～9.56%，早稻单产变化方向不确定。Xu 等（2018）利用 ORYZA 作物模型和若干 RCP 情景，模拟分析发现在不考虑 $CO_2$ 肥效作用下，我国四川地区水稻单产在未来气候变化影响下，最高可能下降 17%～43%。陈超等（2016）也指出，四川地区最近几十年来单季稻产量变化中的 43% 可以用气候条件因素改变来解释。Wang 等（2014）通过对我国 1980—2008 年县级农业与气候面板数据研究发现，东北以及西南云贵高原区水稻单产增速大约为每年 0.59% 和 0.37%，南方地区水稻单产则以每年 0.17% 的速率降低。

**（2）气候变化对小麦产量的影响**

小麦是世界上种植范围最广的农作物之一，亚洲、欧洲、美洲和大洋洲等均有广泛种植。2017 年，全球小麦种植面积为 2.19 亿公顷，总产量达 7.72 亿吨，分别占世界谷物种植面积和总产量的 29.9% 和 25.9%，其中，我国小麦种植面积达 0.25 亿公顷，总产量达 1.34 亿吨，分别占世界小麦种植面积和总产量的 11.4% 和 17.4%，是世界第三大小麦生产国，位居印度和俄罗斯之后、美国之前。小麦是北美、欧洲、西亚、中亚以及北非等地区人们主要的口粮作物，小麦及其制品是当地居民人体所需蛋白质和热量的最主要来源（Tack et al.，2015）。小麦生产的稳定，关系到全球半数以上人口聚集区域的粮食安全问题。当前气候变化对小麦生产的影响不容忽视，气候变化大约可以解释全球小麦产量年际波动的 36%（彭俊杰，2017）。

Liu 等（2016）根据历史资料记载数据统计回归分析和站点数据模拟分析发现，全球气温每升高 1℃，小麦单产水平下降 4.2%～6.4%，该影响在温暖地带比寒冷地带更为明显，这一数值在印度为 7%，在中国为 3%。Lobell 和 Field（2007）基于 1961—2002 年全球小麦单产数据的研究也发现了同样明显的负相关关系。Tack 等（2015）用计量经济方法研究了 1985—2013 年美国中西部小麦生产和气候变化数据，发现气温每升高 1℃，小麦单产水平下降 7.3% 左右。但 Sommer 等（2013）在基于中亚各国数据的研究中发现，气候变暖对小麦生产是有利的，在 SRES A1 和 A2 两种气候变化情景下，未来中亚地区小麦单产可能会较当前增加 12%。Wang 等（2012）基于加拿大气候与小麦生产数据的研究也得出了类似的结论，即便不考虑 $CO_2$ 肥效作用，气候变暖对加拿大小麦仍具有比较明显的积极作用，增产幅度可达 15%。另外，气候变化对俄罗斯、乌克兰等东欧地区小麦生产的影响也是正面的（Swinnen et al.，2017；Belyaeva et al.，2018）。Asseng 等（2018）基于全球 60 个小麦主产区和 31 套小麦生长模型的系统评估研究发现，如果考虑积极的 $CO_2$ 肥效作用，气候变暖总体上有利于全球小麦生产力提高，其中，在增温 1.5℃ 和 2.0℃ 情景下，全球小麦总产量增幅约为 1.9% 和 3.3%。

居辉等（2005）基于区域气候情景 PRECIS 模式和作物生长 CERES -

Wheat 模型预测了未来气候变化对我国小麦产量的影响，结果显示，到 2070年，我国小麦平均单产将较基准期（1961—1990 年）下降约 20%，雨养小麦减产幅度略高于灌溉小麦，春小麦较冬小麦减产明显，东北和西南两个麦区受气候变化负面影响程度较高。田展等（2013）在 CERES-Wheat 作物生长模型与 IPCC SRES A2 和 B2 两种气候变化情景分析框架下，研究发现若不考虑 $CO_2$ 的肥效作用，我国黄淮海地区雨养小麦将全面减产，但肥效能否充分实现尚不明确。熊伟等（2006）同样在 IPCC SRES A2 和 B2 两种气候变化情景下，模拟未来我国小麦产量变化情况，结果表明，到 2080 年，我国小麦单产将会明显下降，但是灌溉可以在一定程度上减缓减产趋势；如果考虑 $CO_2$ 肥效作用，我国小麦则会呈现一定的增产趋势。杨绚等（2014）利用集合模拟的方法，在 RCP2.6、RCP4.5 和 RCP8.5 三种未来气候变化情景下，考察了中国灌溉小麦和雨养小麦单产的变化情况，结果显示：在灌溉条件下，未来我国小麦减产概率逐渐上升，春小麦减产概率和程度高于冬小麦，预计到 21 世纪末，冬小麦在 3 种情景下分别减产 2%、6% 和 9%，春小麦为 5%、8% 和15%；而在雨养条件下，未来我国小麦出现显著增产的概率高达 90%，预计到 21 世纪末，雨养小麦在 3 种情景下分别增产 21%、22% 和 25% 以上。Lv等（2013）基于全球气候模型和小麦生长模型的研究则显示，未来气候变化能促使灌溉小麦增产，但对雨养小麦单产的影响存在区域差异，具体表现为"北方减，南方增"。王培娟等（2011）探讨了我国华北冀、鲁、豫 3 省冬小麦的产量情况，基于 IPCC SRES A2 和 B2 的模拟结果均显示，在 2012—2050 年，气候变化不利于河北和河南两省冬小麦生产，而山东省冬小麦将以增产为主。另有学者指出气候变暖对我国小麦产量影响的正负效应有待继续考察，但 $CO_2$浓度升高对小麦可能有较小幅度的增产作用，而黄淮海以及长江中下游的冬小麦可能因太阳辐射强度下降而减产 5% 以上（潘根兴等，2011；蔡剑等，2011）。

Tao 等（2008）构建了我国小麦主产省 1979—2012 年的面板数据，通过经济学分析研究发现，气候变暖对我国小麦生产不利，减产幅度大约为每年1.2 万吨。You 等（2009）基于中国 22 个小麦主产省 1979—2000 年气候与生产数据，同样发现气候变暖将显著抑制我国小麦增产。而崔静等（2011）基于我国 29 个省份 1975—2009 年数据的研究结果显示，气温变化对我国小麦单产的影响并不明显。Zhang 等（2013）构建了更为细致的县级面板数据，通过统计分析我国 2 339 个县 1980—2008 年小麦生产和气候数据发现，日均气温的升高有利于我国小麦增产，增产幅度最高可达 3.7%。不过，陈帅（2015）通过研究 2000—2009 年我国小麦主产区 519 个县和 98 个气象站数据发现，气候变化对小麦单产的综合影响大约为每 10 年下降 0.68%，而且气候变暖对小麦单产的影响明确为负。陈帅等（2016）采用 1996—2009 年全国 1 420 个县和 625 个气象站数据，进一步研究了气候变化对我国小麦生产的影响，结果发现该影响存在先上升、后下降的倒"U"形关系，短期内的气候变暖有利于我国小麦增产，但从长期来看，预计到 21 世纪末，我国小麦单产可能在当前水平下减少 3%～16%。杨宇（2017）关于 1980—2010 年黄淮海地区气候变化对小麦生产的研究也发现了类似的倒"U"形关系。

**（3）气候变化对玉米产量的影响**

玉米是世界上种植范围最广的农作物之一，也是世界上总产量最高的农作物。2017 年，全球玉米种植面积为 1.79 亿公顷，总产量达 11.35 亿吨，分别占世界谷物种植面积和总产量的 27% 和 38.1%，其中，我国玉米种植面积达 0.42 亿公顷，总产量达 2.59 亿吨，分别占世界玉米种植面积和总产量的 23.5% 和 22.8%，是世界上仅次于美国的玉米生产大国。玉米不仅是世界上绝大多数地区的主要口粮作物之一，也是畜牧业所需饲料的最主要来源，稳定玉米生产，既是应对世界粮食安全问题的重要措施，也是促进畜牧业等下游产业发展的兴旺之举。玉米单产对气候变化极为敏感，气候变化大约可以解释全球玉米产量年际波动的 42%，高于水稻的 32% 和小麦的 36%（彭俊杰，2017）。Tigchelaar 等（2018）也指出，气候变暖使美国、巴西和阿根廷等玉米主产国同时歉收的概率大增，全球玉米总产量波动更加剧烈。

Lobell 等（2007）基于 1961—2002 年全球层面的玉米单产和生长期气候数据，通过一阶差分和多元回归分析发现，气温每升高 1℃，玉米单产会相应下降 8.3%。Lobell 等（2011）研究发现，1980—2008 年，气温升高和降水减少分别使全球玉米单产损失了 3.1% 和 0.7%。Lobell 等（2013）采用农业生产系统模拟模式进一步研究了气候变化对全球玉米生产的影响问题，结果发现气候变暖对玉米单产的负面影响较降水减少产生的影响更为明显，气温每升高 1℃ 和降水每减少 10%，对全球玉米平均单产的影响分别为 6.5% 和 2.8%。Roberts 等（2013）利用美国自 1950 年开始的县级面板数据分析发现，玉米单产与气温存在正相关关系，但当气温达到 29℃ 后，继续升温不利于玉米增产，而且在气候快速变暖和气候慢速变暖情境下的模拟结果显示，美国小麦单产将会在 21 世纪末下降 63%～82% 和 30%～46%。Miao 等（2016）利用 1977—2007 年县级面板数据，并借助工具变量控制其他相关因素，实证发现气候变化对美国玉米单产的影响约为－9%，而且在不同气候情景下，未来气候变化可能会使美国玉米单产继续减产 7%～41%。但是 Butler 等（2018）对美国中西部玉米产区的研究发现，气候变暖导致的生长期延长以及作物自身产生的局部降温效应，实际上有利于玉米增产，气候变化能够解释 1981—2017

年美国中西部地区玉米产量增长中的 25％。

潘根兴等（2011）指出气候变化对中国玉米生产的影响存在明显区域分异，但总体以减产为主。气候变暖有利于我国东北寒地玉米增产，但对黄淮海以及长江中下游地区的玉米生产多呈现负面影响。杨笛等（2017）采用集合经验模态分解方法研究了 1981—2008 年气温、降水和太阳辐射等气候要素对我国玉米单产的影响，结果发现，气温、降水和太阳辐射每增加 1％，我国玉米将分别减产 0.99％、增产 0.21％ 和增产 1.04％。纪瑞鹏等（2012）和米娜等（2012）采用作物生长 WOFOST 模型，模拟发现未来 40 年我国东北地区玉米以减产为主，大约较 1961—1990 年水平减产 9.5％。熊伟等（2008）在 CERES‐Maize 和 IPCC SRES A2 和 B2 框架下，研究发现气候变化总体不利于我国玉米生产，单产普遍降低，总产下降，雨养和灌溉玉米的稳产风险及低产出现的概率将会增大，总产的年际波动更剧烈。马玉平等（2015）采用积分回归方法和省级面板数据模型，结合气候预测成果研究发现，未来 40 年我国玉米将以减产为主，且减产幅度随时间递增，但一般在 5％ 以内，其中东北地区减产幅度最高。王柳等（2014）通过分析 1981—2006 年温度、降水、辐射等变化对中国玉米生产的影响，研究发现生育期平均温度变化是气候变化影响的主导因子。孙新素等（2017）通过加权平均回归分析了我国黄淮海玉米产区 1992—2013 年夏玉米物候数据，发现升温使黄淮海整个产区夏玉米减产，降水增加不利于黄淮海南部地区夏玉米生产，但有助于北部地区夏玉米增产。张建平等（2008）利用 WOFOST 作物模型和 BCC‐T63 气候模型输出的 2011—2070 年气候情景资料，模拟东北玉米生产后发现，东北中熟玉米平均减产 3.5％，晚熟玉米平均减产 2.1％。戴彤等（2016）采用 APSIM-Maize 模型模拟 1961—2010 年我国西南地区春玉米雨养产量，发现气候变化对玉米单产存在负面影响，其中，生长季辐射降低、温度升高、降水减少和温度日较差降低对减产的贡献率分别为 32％、40％、1％ 和 −2％。李阔等（2018）基于 DSSAT 作物生长模型、ISI‐MIP 气候模式和 RCP 气候情景，模拟研究发现，未来升温 2.0℃ 背景下中国玉米减产面积比升温 1.5℃ 背景下多 6.2％，升温 1.5℃ 和 2.0℃ 背景下中国玉米平均减产幅度分别为 3.7％ 和 11.5％。但李喜明等（2014）基于 CGE 模型的分析发现，考虑 $CO_2$ 肥效作用后，气候变化有利于我国玉米增长。Chen 等（2016）基于 2000—2009 年全国 2 570 个县以及 820 个气象站面板数据的研究发现，气候变化对我国玉米生产影响存在先上升、后下降的倒 "U" 形关系，短期内的气候变暖有利于我国玉米增产，而到 21 世纪末，我国玉米单产有可能在当前水平下减少 3％～12％。杨宇（2017）关于 1980—2010 年黄淮海地区气候变化对玉米生产的研究也发现了类似的倒 "U" 形关系。

**（4）气候变化对其他农作物产量的影响**

部分学者将研究聚焦在大豆、油菜等其他大田作物。Lobell 等（2007）基于 1961—2002 年全球层面的大豆单产和生长期气候数据，通过一阶差分和多元回归分析发现，气温每升高 1℃，大豆单产会相应降低 1.3%。Miao 等（2016）利用 1977—2007 年县级面板数据并借助工具变量控制其他相关因素，实证发现气候变化对美国大豆单产的影响约为−15%，而且在不同气候情景下，未来气候变化可能会使美国大豆单产继续减产 8%～45%。Chen 等（2016）利用 2000—2009 年我国 2 256 个县的面板数据，研究了气候变化对大豆生产的影响，研究发现：大豆单产与气候要素之间存在非线性的倒"U"形关系，如果气候持续变暖，我国大豆单产在 21 世纪末将会减产 7%～19%。贺亚琴（2016）研究了气候变化对我国油菜生产的影响，发现虽然气候变暖有利于大部分地区油菜种植面积扩展，但气温升高总体对油菜单产增长有害。吴丽丽等（2015）考察了生长期气候变化对我国油菜主产省份生产的影响，得到了类似的结果，生长期内每增温 1℃，油菜单产会减少 0.74%～2.92%，降水量每增加 10 毫米，会导致油菜单产降低 1.64%～13.61%。另外，Koundinga 等（2017）综合分析了 1975 年以来 174 份环境变化对蔬菜收成和营养成分影响的研究资料，发现气候变暖对全球蔬菜生产存在不利影响，若不采取有效措施，预计到 21 世纪末，全球蔬菜收成将减少 31.5%。

总体来看，气候变化对农作物产量影响的研究中，对水稻、小麦和玉米这 3 种全球主粮作物的讨论较多，对其他农作物的关注还有所欠缺，相关研究还不够丰富。虽然绝大多数研究倾向于认为气候变化对农作物产量存在负面影响，但学术界仍未就气候变化对农业生产影响的结论形成较为统一的意见，主要原因在于：一方面，气温、降水量以及日照时长等主要气候要素变化对不同地区的影响存在一定差异；另一方面，研究方法和所用数据尺度的差异，以及是否考虑气候变化中 $CO_2$ 浓度升高产生的肥效作用等，会使研究结论存在出入甚至完全相反。对于未来气候变化对农业生产可能产生的影响，现有研究一致认定：以气候变暖为主要特征的气候变化在长期内会严重影响到农作物生产，造成不可忽视的减产。

## 2.3.5　气候变化对农业生产影响的主要研究方法

气候变化对农业生产的影响，是气象学家、农学家和经济学家都感兴趣的研究主题，但不同学科采用的研究方法存在较大差异。

**（1）基于实验数据的作物生长模型方法**

在这类研究中，学者们主要采用两种方法。一是实验室模拟或田野观测试验方法，主要是在田间、温室等场所进行农作物种植试验，通过控制农作物各生长阶段所需的温度、日照、湿度、$CO_2$ 浓度、土壤、肥料等投入要素，来测度典型气候要素变化对农作物生长发育和最终产量的影响。国内外学者已经采用大田试验、OTC（Open Top Chamber，开顶式气室）试验和 FACE（Free Air $CO_2$ Enrichment，开放式大气 $CO_2$ 浓度富集）试验等方式考察了增温以及 $CO_2$ 浓度与水稻、小麦和玉米等主要农作物单产的关系（Leadley et al.，1993；Kimball et al.，2002；Yang et al.，2007；徐玲等，2008；田云录等，2011；房世波等，2012）。虽然实验室模拟或田野观测试验方法得出的结论最为直接，但由于试验耗时长、过程管理成本高、试验环境不稳定等原因，该类方法逐渐被更容易实现的作物生长模型（Crop Growth Model）方法所取代。随着 20 世纪下半叶以来统计与软件技术的更新发展，作物生长模型方法成了自然科学领域研究气候变化对农业生产影响的主流方法（Asseng et al.，2011）。该方法用积温模拟发育时段，根据农作物生理特性模拟作物生长，被广泛应用于不同气象条件下不同农作物的产量估计（Lobell et al.，2013）。

目前最为人熟知的作物生长模型是 20 世纪 80 年代由美国农业部和国际开发署授权夏威夷州立大学研究开发的 DSSAT（Decision Support System for Agrotechnology Transfer，农业科技转换决策支持系统）系列，目前 DSSAT 框架已经更新到 4.7 版本，涵盖了 42 种不同农作物的生长模拟模型[①]。其中，应用最广泛的是 DSSAT 框架下 CERES 系列作物生长模型，包括 CERES - RICE、CERES - WHEAT 和 CERES - MAIZE 等禾本科作物生长模型。DSSAT 系列模型可以模拟多变量、多层次和长时段等复杂条件下的生长试验，能够在规定时间内优化农作物种植决策（Jones et al.，2018）。另一个常用的作物生长模型为 APSIM（Agricultural Production Systems Simulator，农业生产系统模拟器），该模型由澳大利亚政府于 20 世纪 90 年代初开发而成，现已更新到 7.9 版本[②]。APSIM 最鲜明的特点在于模型内部的作物生长模块是可以进行替换操作的，这一灵活性功能使研究人员可以在给定的外界环境或气候条件下，通过模块配置来选出最适合的模型，对比不同模拟方法的优劣（Holzworth et al.，2014）。

除了 DSSAT 和 APSIM 以外，其他常见的作物生长模型还有美国开发的 EPIC（Environmental Policy Integrated Climate，环境政策与气候集成模型）、荷兰开发的 WOFOST（World-Food-Studies，世界食物研究模型）和 ORYZA 水稻系列生长模型等，目前全世界范围内适用于不同作物种类和气候环境条件

---

[①] 资料来源：DSSAT 官网，https：//dssat. net/。

[②] 资料来源：APSIM 官网，http：//www. apsim. info/。

的作物生长模型已经超过200种（王亚飞等，2018）。然而，作物生长模拟模型的研究存在两个比较大的缺陷，一是大量模拟参数需要预先设定，而参数的偏差难以预计（Lobell et al.，2010）；二是模型忽略了社会经济因素，特别是人类在农业生产中的适应性行为因素（Mendelsohn et al.，1994）。随着技术手段不断发展，参数设定精度的提高也许能解决第一个缺陷，但第二个缺陷始终很难在模拟方法中得到有效解决。

**（2）基于产量分解的气候统计学方法**

在农学领域，研究气候变化对农作物生产的影响还有一种更为简便的方法，即计算农作物气候产量。该方法的基本思路为：长时期内农作物产量序列可以分解成低频波动和高频波动两个子序列，其中，低频波动序列被称为趋势产量，是一种长期趋势，用以反映农业技术进步等对农作物产量的贡献；高频波动序列被称为气候产量，是由短期冲击造成的波动性分量，一般认为气候因素变动是短期冲击的主要来源（王媛等，2004；房世波，2011）。因此，分解并研究农作物气候产量，也可以识别出气候变化对农作物生产的影响程度。现有研究一般采用滑动平均法（廉毅等，2007；史印山等，2008；马雅丽等，2009；姜会飞等，2006）、logistic拟合法（顾治家等，2015）和H-P滤波法（孙东升等，2010；叶明华，2012；尹朝静等，2016）分解农作物产量。王桂芝等（2014）对比分析了3种常用计算方法，认为滑动平均法容易造成气候波动分量不当消除等问题，logistic拟合法会高估低频波动序列，夸大趋势产量，只有采用H-P滤波法才能得到与实际较为相符的分离结果，能够反映气候变化对农业生产波动的影响。现有研究中，表征农作物产量水平一般采用总产量和单产两个指标，叶明华（2012）指出采用单产指标更为恰当，原因在于当前我国耕地资源相对固定，增长潜力有限，甚至有明显的下降趋势，农业总产量增长主要来自农作物单产的增长，分析单产序列排除了面积干扰因素，更为简单直接。因此，基于单产序列数据的H-P滤波法是计算农作物气候产量、研究气候变化对农作物生产波动影响的合适方法。

**（3）基于农地收益的李嘉图方法**（Ricardian Approach）

由于作物生长模型存在参数设定复杂和忽略人为因素等固有缺陷，农作物气候产量计算只是基于统计学方法，并未细致考虑经济和社会因素，越来越多经济学者加入气候变化对农业生产影响的研究中来，通过计量经济技术手段，将社会经济因素以及人类适应性行为因素纳入气候影响分析范畴，从而更可靠地识别出气候变化在农业生产中起的作用（Lobell，2007）。

在经济学领域的研究中，研究方法大致可分为两类。其中一类是李嘉图方法或横截面分析。Ricardo（1817）认为无论农地如何扩张、技术如何改进，农地净收益始终和土地生产力存在某种等量关系，农地价值其实是对农地未来生产力的预期值，农民也会尽可能适应市场和气候条件改变等各类外生冲击，以提高农地净收益。Mendelsohn 等（1994）创造性地将上述思想运用到气候变化研究中来，开创了用经济实证方法研究气候与农业问题的先河。李嘉图方法不仅可度量整个区域农业的产出效益，还可以经验性地估算出农业对长期气候变化的敏感性。虽然该方法没有明确说明农民如何在气候变化时实施调整的具体行为，但它对经济效益的度量隐含了农民在响应气候变化时调整和适应的最终结果（杜文献，2011；Deressa et al.，2009）。李嘉图方法一经提出，就迅速获得了学术界的广泛认可，目前该方法已广泛运用于五大洲逾 40 个国家气候变化对农业影响问题的研究（Mendelsohn et al.，2017）。李嘉图方法最早由 Liu 等（2004）引入国内，他们研究了全国 1 275 个农业主产县的县级横截面数据，发现增温和增雨其实对我国农业生产存在积极作用，但是影响程度存在季节和地区的差异。Chen 等（2013）采用一套翔实的横截面（全国 31 个省份 316 个村 13 379 个农户）数据，得出了相似的结论。而 Wang、Mendelsohn 和 Dinar（2009）及 Wang、Huang 和 Zhang（2014）从全国范围内的农场数据研究中到了相反的结论，即气候变暖对中国农业生产总体呈现不利的影响。

事实上，李嘉图方法有其固有局限性，并引起学术界广泛讨论（汪阳洁等，2015）。最主要的缺陷在于横截面模型容易出现遗漏变量问题，其内生性会导致模型估计结果出现偏误，比如灌溉用水、土壤特征以及其他经济社会因素与气候条件密切相关，同时影响着农地收益或价值（Deschênes et al.，2007）。为了解决李嘉图横截面模型的遗漏变量和内生性问题，学术界尝试采用面板数据重新考察气候变化对土地收益影响的问题。Deschênes 等（2007）基于美国逾 2 000 个县的面板数据，以各县农地收益的年际变化值为因变量，通过差分的方式，消除了地区固定效应等无法观测的遗漏变量带来的内生性影响，分析了气候变化对美国农业生产的影响。Massetti 等（2018）认可面板数据模型在处理遗漏变量内生性问题上的优势，认为能够帮助区分气候因素的长短期影响，但他们也指出，面板模型中的气候数据主要反映的是短期天气冲击，农户调整能力有限，而且面板模型研究事实上忽略了农户对气候变化的长期适应。基于面板数据的估计同样可能存在偏误（Schlenker et al，2009；Fisher et al.，2012），为了解决李嘉图横截面模型和面板模型存在的问题，Burke 等（2015）和 Burke 等（2016）提出了长差分方法，将 Mendelsohn 等（1994）和 Deschênes 等（2007）的思想与方法结合起来。长差分方法的思路非常清晰：通过构造两阶段的农地收益数据和气候因子数据，估计气候因子变化对农地平均收益的影响；再对比长差分模型估计结果与 Deschênes 等（2007）的方法估计结果，便可以分析农户是否在长期内对气候变化采取有效的适应措施。长差分方法有 3 个明显的优势：第一，能够尽可能地复现理想中的气候变化影响试验；第二，预测未来气候变化不再需要依赖大量非样本内的额外观测值；第三，可以检验短期气候条件改变对农业的负面影响是否能在长期内得到缓解（Burke et al.，2016）。

李嘉图方法的另一个缺陷是模型对数据的数量和质量要求非常高。一方面，数据来源分布要广泛，要充分体现气候条件的变异程度，现有研究通常采用全国乃至全大洲范围内的农户、农场或县级农业数据；另一方面，农地价值要能够准确反映农地市场预期的现值，但很多发展中国家的农地市场发展还不完善，土地不仅是一种可投入要素，也是农户家庭应对各种风险的重要保障（Assuncao et al.，2016）。相比之下，如果以农作物单产为农业产出指标，既能够保证数据客观和准确性，又能够排除农产品价格等因素影响，可以直接识别气候变化对农业生产的影响（Blanc et al.，2017）。

**（4）基于单产的面板计量经济方法**

以农作物单产为解释变量的面板计量模型，由于计量建模清晰、操作简便可行、可拓展空间充分等原因，被广大经济学研究者接受和应用，在气候变化对农业生产影响的研究领域中，已经形成了比较丰富的研究成果。该类研究一般采用国家、省（州）、县级或站点农业与气候观测数据，主要考察气温、降水和日照等气候因素变化对农作物单产的边际影响，较少使用农场或农户层面数据，对农户气候变化适应性行为探讨较少（汪阳洁等，2015）。如何处理气候因素并引入实证计量方程是该类模型的研究核心之一。农作物生长期平均温度、累计降水量和日照时长，还有日最高（低）温度以及温度日较差等气候统计资料，一般会作为核心解释变量直接进入方程（Welch et al.，2010；Li et al.，2011）。Schlenker 等（2009）进一步从农学角度出发，指出农作物生长发育和热量资源条件关系最为密切，采用农作物生长期内累计获得的热量指标才能较好地反映气温的影响。因此 Schlenker 等（2009）设置了农作物生长期积温指标，并将其二次项也放入实证估计方程，以反映气温与农作物单产的非线性关系。Roberts 等（2013）更细致地介绍了如何用农学中天气数据资料表征方法来构建能够带入计量经济模型分析的气候变量。Fisher 等（2012）也在对 Deschênes 等（2007）的评论中提到以生长期积温指标代替普通气温指标。

在中国问题的研究上，崔静等（2011）通过研究 1978—2008 年全国 29 个主要粮食生产省面板数据发现：农作物生长期内温度升高对单季水稻单产存在显著负面影响，但有利于北方地区玉米和小麦增产。Holst 等（2013）采用 1986—2009 年全国 26 个粮食主产省面板数据，研究了气温和降水变化对我国南北方粮食总产出的影响，发现年均气温每升高 1℃，我国粮食总产出下降 1.45%（北方地区下降 1.74%，南方地区下降 1.19%）；年均降水每增加 100

毫米，我国粮食总产出上升 1.31%（北方地区上升 3%，南方地区下降 0.59%）。随着研究数据收集细化，最近几年相关研究已从省级面板逐渐转向县级面板，表征气温的指标也被替换成了更能反映农作物生长发育热量条件的生长期积温，研究也进一步考虑了地区间的空间相关性。陈帅（2015）收集了 2000—2009 年我国黄淮海平原地区 519 个小麦主产县和 98 个气象观测点数据，研究发现：气温变化对小麦生产力的影响明确为负，大约为每 10 年减产 0.68%。Chen 等（2016）进一步利用 2000—2009 年全国 2 256 个县的面板数据，研究了气候变化对玉米和大豆两种农作物生产的影响，研究发现：玉米和大豆的单产与气候要素之间存在非线性的倒"U"形关系，如果气候持续变暖，这两种农作物的单产在 21 世纪末将会比现在减产 3%～12% 和 7%～19%。以水稻为研究对象，时间跨度再向前扩展 4 年，这种非线性的倒"U"形关系依然存在，气候变量对粮食作物单产的影响将为先正后负，存在最优拐点（陈帅等，2016）。不过，这一系列基于空间误差面板模型的研究，都将空间权重矩阵定义为"0-1"矩阵，即两个地区相邻为 1，不相邻为 0。然而，一个地区往往不只和另一个地区相邻，也有可能同时同多个地区接壤，因此，采用"0-1"空间权重矩阵可能会丢失部分空间相关性信息。

针对面板模型缺少气候适应性讨论的缺陷，Dell 等（2014）认为可以在解释变量中增加每个时期气候变量与全样本中气候变量平均值的交乘项，用以反映农作物本身对气候变化的自然适应。Zhou 等（2014）给出了另一种思路，他们假定农户会为了应对气候变化而改变投入要素数量，将气候变量和其他投入变量的交叉项导入模型，用以表征人为气候适应。陈帅（2015）则指出，忽略人为气候适应，实际上会低估气候变化的真实影响，模型中是否控制非气候投入要素所得估计系数的差值，也可以在一定程度上反映人为气候适应的作用。

### （5）基于整体农业生产的全要素生产率方法

以单产为解释变量的面板模型可以研究气候变化对不同农作物生产的影响，但无法直接分析气候变化对农业整体的影响。以农地价值为农业产出指标的李嘉图方法或面板模型虽然考察了气候变化对农业综合产出的影响，但由于其具有遗漏变量内生性以及高质量数据获取难度较大等固有的缺陷性，很难用于气候变化对农业整体影响的分析。全要素生产率（TFP）为研究该问题提供了新的视角。一方面，农业 TFP 可以反映一个地区的农业综合产出与发展水平；另一方面，TFP 相关计算简便，所需数据及要求与以单产为解释变量的面板模型方法差别不大。从理论上来讲，气候变化对农业 TFP 的影响途径主要有 2 条：第一是气候变化能够改变农业气候资源条件，使农业生产投入要素数量和配置发生改变；第二是气候变化使农作物产出水平发生变动，比如产量下降、效益降低等。在投入和产出都发生变化的条件下，农业 TFP 也会随之改变。

现有文献中关于农业 TFP 的研究已经十分丰富，不同学者从农业技术进步、劳动力结构、要素配置等多方面研究了我国农业 TFP 的增长与变化（陈卫平，2006；车维汉等，2010；彭代彦等，2013；张乐等，2013），另有学者在考虑了自然环境因素后计算分析了农业绿色 TFP（王奇等，2012；李谷成，2014；葛鹏飞等，2018）。但是引入气候变化因素的农业 TFP 研究还不多见。Villavicencio 等（2013）基于美国 1970—1999 年州级数据发现，降水量增加有助于美国农业 TFP 增长，气温升高的影响则存在南北差异，北方地区受益，南方地区受损。Liang 等（2017）基于美国 1981—2010 年全国农业数据和气候相关性回归研究发现，气温和降水变化大约能解释 70%农业 TFP 增长的波动。Salim 等（2010）对澳大利亚的研究也发现，农业 TFP 对气候变化的长期弹性达 0.507，超过了其对科研投入 0.497 的长期弹性。Njuki 等（2018）基于美国 1960—2004 年州级农业以及气候数据和随机前沿生产函数方法的测算结果则显示：气候变化对美国农业 TFP 的影响基本可以忽略，气候因素对农业 TFP 增长的贡献大约为 $-0.012\%$/年。在国内，仅有个别学者研究了气候变化对农业 TFP 的影响。尹朝静等（2016）基于 1986—2012 年省级数据的面板计量经济分析发现，气温升高有利于我国大部分地区农业 TFP 增长，但对华东和西南地区有不利影响；降水密度也对我国大部分地区农业 TFP 增长存在消极影响，不过降水量的影响并不明显。高鸣（2018）利用 1978—2013 年省级面板数据和 DEA 方法研究发现，忽略气候因素会高估农业 TFP，不过气候因素在一定程度上稳定了农业生产。这些研究虽然讨论了气候变化对不同省份农业 TFP 的影响，但是都忽略了省份内部的差异，所得研究结论为全省层面的平均效应。因此，有必要采用更为细分的数据（比如县级面板数据）对特定省份开展研究，以便更深入地研究气候变化对农业 TFP 的影响问题，得到符合地区实际的研究结论，并提出具有针对性的政策建议。从现有文献来看，仅有汪言在等（2017）将气候因素引入重庆市农业 TFP 增长的时空分析研究，其他省份的相关研究存在空白。

## 2.3.6　总结性述评

通过回顾现有相关研究，将目前关于"气候变化与农业生产"的相关研究总结如下：

在研究内容和结论上，现有文献主要研究对象为水稻、小麦和玉米等主粮作物，对其他农作物的相关研究还不丰富；学术界尚未就气候变化对农业生产影响的结论形成较为统一的意见。主要原因在于：一方面，气温、降水量以及日照时长等主要气候要素变化对不同地区的影响自然存在着一定差异；另一方面，研究方法和所用数据尺度的差异，以及是否考虑气候变化中 $CO_2$ 浓度升高带来的肥效作用等，会使研究结论存在出入甚至完全相反。但对未来气候变化对农业生产可能产生的影响，学术界的判断基本一致：以气候变暖为主要特征的气候变化在长期内会严重影响到农作物生产，导致不可忽视的减产。

在研究方法上，尽管现场试验方法和作物生长模型方法均可以识别出气候因素对农业产出的影响，但是这类方法主要用于农学领域研究，从实验参数和技术角度分析气候变化对农作物生产的影响，忽视了人类行为以及其他社会经济因素的影响。经济学方法考虑了这些影响，意味着此类方法可以较为清晰地识别出气候变化对农业生产的影响，而且操作简便可行，模型易于拓展，因此农业经济学者更认可与接受经济学方法。与此同时，实证研究技术从横截面研究逐渐转向包含更多气候信息的面板模型研究，农业产出变量也由较为抽象的、数据质量难以得到保证的农地价值，替换成更具体的、数据容易获取的农作物单产水平。在研究尺度上，国内的相关研究已经从省级面板数据细化到了县级面板数据，研究的精确程度大大提升，同时采用更合理的地理距离计算方法匹配了气象站点数据。现有研究对全国层面的省级或县级面板数据研究得出的结论，本质上反映了气候变化的全国平均效应。由于我国幅员辽阔，各省份之间气候条件和农业生产现状存在较大差异，气候变化的影响也各不相同，因此，反映全国平均效应的研究结论实际上与气候变化对特定地区的真实影响之间可能存在一定出入。

现有研究基于历史观察数据，采用作物生长模型和面板计量经济模型，围绕"气候变化对农作物生产影响"这一主题展开了非常丰富的分析，考察了气温和降水等气候因素改变对水稻（包括单季稻和双季稻）、小麦和玉米等不同农作物单产水平的影响。然而，气候变化对农业生产的影响不仅体现在农作物产量水平的长期变化上，也体现在农作物产量的短期波动上，但现有文献对于后者的研究仍不够重视。另外，国内外学者关于"气候变化和农业整体影响"的讨论还不充分，国内仅有个别学者从省级面板数据出发，分析了气候变化对农业 TFP 的影响，学术界对于该问题的认识还不清晰。

现有研究可能在以下几个方面存在改进空间，这也是本书可能的边际贡献与创新所在：首先，将水稻、小麦和玉米等主粮作物，以及其他常见农作物，如大麦、大豆、薯类和油菜等纳入同一分析框架下，对比分析气候变化对不同农作物生产的影响，有助于丰富相关研究，进一步揭示气候变化与农业生产的内在关系；其次，将研究范围聚焦于某一特定区域，得出更贴近该地区现实的相关结论，以期提出更有实际应用价值的政策建议，避免全国层面结论应用于不同地区时产生的真实影响偏误；最后，向两个方面延伸研究视角，一方面是从研究农作物单产水平长期变化向研究农作物单产短期波动延伸，另一方面是从研究不同品种农作物向研究农业整体延伸，考察气候变化对农作物生产波动性和农业 TFP 的影响。

# CHAPTER 3

# 浙江气候变化特征分析

本章旨在描述浙江 1987—2016 年的气候变化特征。本章采用气候倾向率、气候突变检验等指标和方法，从年际和季节两个层面分析了 1987—2016 年浙江气温、降水量和日照时长三大气候要素的变化特征。本章具体内容安排如下：3.1 简单介绍了浙江地理区域位置以及气候特征；3.2 介绍了分析浙江气候变化特征时用到的主要指标和计算方法，包括气候倾向率和 Mann-Kendall 气候突变检验；3.3、3.4 和 3.5 从年际和季节角度，具体分析了浙江 1987—2016 年气温、降水量以及日照长度的主要变化特征；3.6 为本章小结。

## 3.1　浙江地理与气候概况

浙江，简称"浙"，地处我国东南沿海长江入海口冲积平原（长江三角洲）南翼，北接江苏、上海，西邻安徽、江西，南部与福建接壤，东面是我国东海，陆域面积 10.55 万平方千米，占全国陆域面积的 1.1%，是我国面积较小的省份之一。浙江山地和丘陵占 74.63%，平坦地占 20.32%，河流和湖泊占 5.05%，耕地面积仅 208.17 万公顷，故有"七山一水二分田"之说。浙江地形自西南向东北呈阶梯状倾斜，衢州、丽水等地以山地为主，金华、杭州和绍兴南部以丘陵为主，浙北杭嘉湖地区属于长江入海口冲积平原。截至 2017 年年底，浙江省共下辖 11 个地级市（其中，省会杭州和宁波为副省级城市），下分 89 个县级行政区，包括 37 个市辖区、19 个县级市、32 个县、1 个自治县。

浙江位于亚热带季风气候区，年平均气温为 15～18℃，年平均雨量在 980～2 000 毫米，5 月、6 月为集中降雨期，年平均日照 1 710～2 100 小时。冬季受蒙古高压控制，以西北季风为主，以晴冷、干燥天气为主；夏季受太平洋副热带高压控制，盛行从海洋吹来的东南季风，空气湿润，是高温、强光照季节。春秋为过渡时期，气旋活动频繁，冷热锋面交汇，雨量增多，气温变化较大。总的特点是：季风交替规律，年温适宜，四季分明，光照充分，热量充足，雨量充沛，是我国自然条件最优越的地区之一。但是由于季风具有不稳定性，冬季的低温、寒潮，夏季的高温、干旱，雨季的洪涝，夏秋的热带风暴和春夏季的冰雹等，均是浙江常见的极端气候现象。

# 3.2 分析方法与数据来源

## 3.2.1 气候倾向率

气候倾向率指某一气候要素在一定时间内（一般为 10 年）的变化倾向程度，用来表征该气象要素的变动趋势。在气象学中，通常用线性倾向估计来计算气候倾向率，具体过程如下：

$$c_t = \alpha + \beta t, t = 1, 2, \cdots, n \qquad (3-1)$$

其中，$c_t$ 表示气候要素 $c$ 在第 $t$ 期的观测值，$n$ 表示时间序列长度。$\alpha$ 和 $\beta$ 为线性方程待估计系数，$\beta > 0$ 时，表示气候要素 $c$ 与 $t$ 同方向变动；$\beta < 0$ 时，表示气候要素 $c$ 与 $t$ 反方向变动。利用最小二乘法估计出 $\beta$ 值后，将其乘以 10，即可得到该气象要素的气候倾向率。

## 3.2.2 Mann-Kendall 气候突变检验

气候突变指某一气候要素从一个相对稳定状态或稳定持续的变化趋势，急剧变化到另一个稳定的状态或稳定持续变化趋势的过程。广义上的气候突变包括均值突变、变率（方差）突变、跷跷板突变和转折突变；狭义上的气候突变为气候均值突变（魏凤英，2007）。由于变率（方差）突变、跷跷板突变和转折突变情况较为特殊，一般学术文献上的气候突变采用狭义概念，本书中的气候突变亦指气候均值突变。目前，进行气候突变检验的方法主要有滑动 t 检验法、Cramer 法和 Mann-Kendall 法。其中，Mann-Kendall 法对数据样本服从何种分布没有特殊要求，而且不受数据异常值干扰，检测范围较其他方法更宽、定量化程度更高，气候要素突变点和区域十分清晰。基于上述优点，Mann-Kendall 法成为气候突变检测中使用最为广泛的方法。

Mann-Kendall 法最初由 Mann（1945）提出，主要用于检测序列的变化趋势，而非气候突变。随后在 Kendall（1975）的拓展下，形成了 Mann-Kendall 法，运用于气候突变检测的基本框架，其检测原理如下：

假定气候要素序列 $c_1$, $c_2$……$c_n$ 随机独立同分布，$m_i$ 表示第 $i$ 个数据 $c_i$ 值大于 $c_j$（$1 \leqslant j \leqslant i$）的累计个数。原假设 $H_0$ 为：该气候要素序列不存在明显变化。

定义统计量 $S$：

$$S_k = \sum_{i=1}^{k} m_i, 1 \leqslant k \leqslant n \qquad (3-2)$$

将 $S_k$ 标准化得到 $UF_k$：

$$UF_k = \frac{[S_k - E(S_k)]}{\sqrt{\mathrm{var}(S_k)}}, 1 \leqslant k \leqslant n \qquad (3-3)$$

其中，$E(S_k)$ 和 var（$S_k$）分别为 $S_k$ 的均值和方差。$UF_k$ 服从标准正态分布。$UF_k > 0$（或 $<0$）时，表明气候要素序列呈上升（或下降）趋势。在给定显著性水平 $\alpha$ 下，$UF_k > UF_a$（或 $< -UF_a$）时，表明原假设 $H_0$ 被拒绝，该气候序列存在明显的增长（或下降）趋势。

接着，将该气候序列逆序排列，重复上述处理过程得到类似统计量：

$$UB_k = \frac{[S_k - E(S_k)]}{\sqrt{\mathrm{var}(S_k)}}, UB_k = UF_{n+1-k} 1 \leqslant k \leqslant n \qquad (3-4)$$

将 $UF$ 统计值和 $UB$ 统计值在同一张图上绘制两条曲线，若 $UF$ 和 $UB$ 两条曲线相交，且交点恰好在上下临界值区间内，则可以认定该交点为气候要素序列突变点，突变开始时间即为交点对应的时间。

### 3.2.3 数据来源

本章所用数据来自《浙江统计年鉴》和浙江 11 个地级市统计年鉴 1987—2016 年逐月气象资料集。该气象资料集共有 12 960 个数据单元，完整收集了 12 个地理单位（浙江省和 11 个地级市）360 个月的月平均气温（℃）、月降水量（毫米）和月日照时数（小时）三大气候要素数据。年（季）平均气温由对应的月平均气温经算术平均而来，年（季）降水量和年（季）日照时长由对应的月度数据累加而来。

## 3.3 气温变化特征

### 3.3.1 年际变化

1987—2016 年，浙江年平均气温在 16.8～21.5℃波动，最低值出现在 1987 年，最高值出现在 2001 年，平均值为 17.6℃。浙江年平均气温整体呈小幅波动上升的趋势，气温变化倾向率达 0.42℃/10 年（图 3.1），且拟合方程回归系数通过了 1% 显著性水平检验，说明在过去 30 年中浙江存在明显的气温升高趋势。剔除异常偏高的 2001 年平均气温数据后，将全样本分成 3 个时间段。1987—1996 年浙江年平均气温为 17.04℃，1997—2006 年为 17.85℃，较前一个 10 年上升了 0.81℃；2007—2016 年浙江年平均气温为 17.84℃，与前一个 10 年相仿。这一结果可以初步说明，浙江气温突变和气温快速升高很有可能出现在前两个 10 年中，而最近 10 年的增温趋势有所放缓。

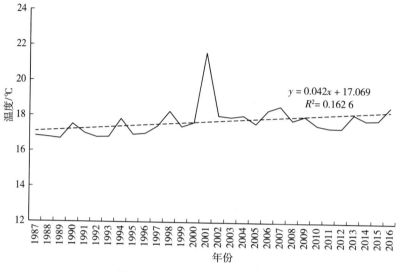

图 3.1　浙江年均气温变化趋势

分地区看，浙江各地区气温倾向率存在差异。其中，绍兴市气温倾向率最高，达 0.695℃/10 年；与绍兴市相邻的嘉兴市、杭州市、金华市、台州市和宁波市次之，气温倾向率在 0.4～0.6℃/10 年，略高于全省平均水平；距离绍兴市较远的湖州市、衢州市、丽水市、温州市和舟山市气温倾向率低于全省平均水平，在 0.2～0.4℃/10 年，其中，衢州市气温倾向率全省最低，为 0.257℃/10 年。绍兴及其相邻地区多为平原，人口稠密，工业发达，而衢州、丽水、温州等地多为山地丘陵，植被自然资源丰富，这可能是不同地区气温倾向率存在差异的原因之一。

利用 Mann-Kendall 法对 1987—2016 年浙江年平均气温进行气候突变检验，得到图 3.2。从图 3.2 可以发现，UF 曲线和 UB 曲线在 1996 年相交，且交点位于 0.05 显著性水平上下临界点区间内，因此可以判断浙江年平均气温在 1996 年发生突变。UF 曲线在 1990 年左右穿过 0 值线并快速上升，在 1998 年左右越过 0.05 显著性水平下的上临界值，这表明浙江 1990 年之后的平均气温较 1990 年之前偏高，且这种偏高的趋势在 1998 年之后非常显著，即 1998 年之后，浙江存在明显的气候变暖趋势。

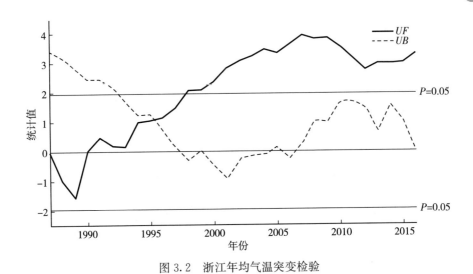

图 3.2 浙江年均气温突变检验

## 3.3.2 季节变化

浙江 1987—2016 年四季平均气温变化趋势如图 3.3 所示,春秋两季平均气温升高趋势较明显,夏季次之,冬季平均气温波动最剧烈,且没有明显的升温倾向。

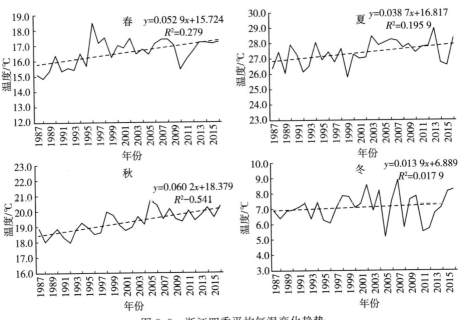

图 3.3 浙江四季平均气温变化趋势

浙江春季平均气温在 14.9～18.5℃波动，最低值出现在 1987 年，最高值出现在 1996 年，平均值为 16.5℃。浙江在 1996 年经历了 1 次显著高温，在 2010 年经历了 1 次显著低温，当年春季平均气温为 15.5℃，显著低于邻近年份，与 1987—1995 年平均水平相当。总体来说，浙江春季平均气温呈波动上升趋势，气温变化倾向率达 0.53℃/10 年，比年均气温倾向率高 0.11℃/10 年，且拟合方程回归系数通过了 1％显著性水平检验，说明 1987—2016 年浙江春季平均气温存在明显的升高趋势。

浙江夏季平均气温在 25.9～29.0℃波动，最低值出现在 1999 年，最高值出现在 2013 年，平均值为 27.5℃。2003 年以前，浙江夏季平均气温基本处于 28℃线以下，进入 2003 年之后，接近一半年份的平均气温超过 28℃线。总体来说，浙江省夏季平均气温呈波动上升趋势，气温变化倾向率达 0.39℃/10 年，略低于年均气温倾向率，拟合方程回归系数通过了 1％显著性水平检验，说明 1987—2016 年浙江夏季平均气温存在较为明显的升高趋势。

浙江秋季平均气温在 18.0～20.7℃波动，最低值出现在 1992 年，最高值出现在 2005 年，平均值为 19.3℃。总体来说，浙江秋季平均气温变动曲线波动幅度小于其他三季，呈小幅波动上升趋势，气温变化倾向率达 0.60℃/10 年，为四季气温变化倾向率中的最高值，线性回归方程拟合优度值达 0.541，表明时间趋势可以解释 54.1％的温度变化程度，是四季中的最高值，且拟合方程回归系数通过了 1％显著性水平检验，说明 1987—2016 年浙江秋季平均气温存在显著的升高趋势，而且这种升温趋势在四季中最为明显。

浙江冬季平均气温在 5.2～8.9℃波动，最低值出现在 2005 年，最高值出现在 2007 年，平均值为 7.1℃。总体来说，浙江冬季平均气温变动曲线波动幅度大于其他三季，而且波动幅度随年份递增，气温变化倾向率为 0.14℃/10 年，为四季气温变化倾向率中的最低值，线性回归方程拟合优度值仅为 0.018，表明时间趋势只可以解释不到 2％的温度变化程度，是四季中的最低值，且拟合方程回归系数未通过 5％显著性水平检验，说明 1987—2016 年浙江冬季平均气温不存在明显的升高趋势。

分地区看，浙江各地区季节气温倾向率存在差异。总的来说，各地区基本呈现"春秋高，冬季低"的态势，春秋两季各地区的气温倾向率大多在 0.4℃/10 年以上，高于年平均水平，冬季气温倾向率都在 0.4℃/10 年以下，低于年平均水平。唯一的例外是杭州市，该市春季气温倾向率为 0.12℃/10 年，是全季最低，冬季气温倾向率则达 0.22℃/10 年。

春季气温倾向率最高的地区为绍兴市，达 0.91℃/10 年；湖州市、嘉兴市、金华市和宁波市的气温倾向率在 0.6～0.8℃/10 年，增温趋势非常明显；其他地区（不包含杭州）的气温倾向率在 0.4～0.6℃/10 年，增温趋势比较明显。夏季气温倾向率最高的地区是绍兴市，达 0.61℃/10 年；最低的是衢州市，为 0.19℃/10 年；杭州市和台州市气温倾向率在 0.4~0.6℃/10 年，存在比较明显的增温趋势，其他地区气温倾向率均在 0.2~0.4℃/10 年，略低于全年平均水平。秋季有两个地区的气温倾向率超过 0.8℃/10 年，分别是绍兴市的 0.94℃/10 年和金华市的 0.87℃/10 年；嘉兴市、台州市和丽水市的气温倾向率在 0.6~0.8℃/10 年，增温趋势非常明显；其他地区的气温倾向率均在 0.4~0.6℃/10 年，增温趋势比较明显。冬季只有杭州市、绍兴市和金华市的气温倾向率在 0.2~0.4℃/10 年，而其他地区的气温倾向率均低于 0.2℃/10 年。

利用 Mann-Kendall 法对 1987—2016 年浙江四季平均气温进行气候突变检验，得到图 3.4。

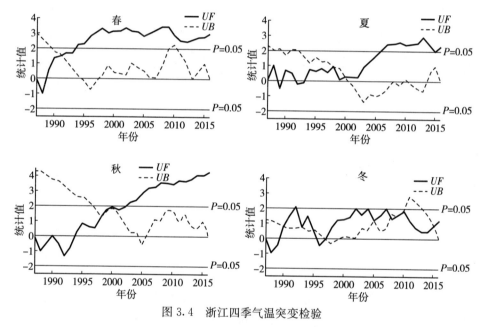

图 3.4　浙江四季气温突变检验

春季 UF 曲线和 UB 曲线在 1992 年左右相交，且交点位于 0.05 显著性水平上下临界点区间内，因此可以认定浙江春季平均气温在 1992 年发生突变。UF 曲线在 1988—1989 年穿过 0 值线并快速上升，于 1993 年越过 0.05 显著性水平下的上临界值，这表明浙江在 1989 年后的春季平均气温较 1989 年前偏高，且偏高的趋势在 1993 年后变得非常显著，即 1993 年以来浙江春季平均气温存在明显的上升趋势。

夏季 UF 曲线和 UB 曲线在 1997—1999 年相交了两次，且交点位于 0.05 显著性水平上下临界点区间内，因此可以认定浙江夏季平均气温在 1997—1999 年发生突变。UF 曲线在 1994 年前一直在 0 值线附近波动，在 1994 年后才稳定在 0 值线上方。UF 曲线在 2002 年后快速上升，于 2006 年左右越过 0.05 显著性水平上临界值，这表明浙江在 1994 年后的夏季平均气温较 1994 年前偏高，且偏高的趋势在 2002 年后愈发明显，到 2006 年后变得非常显著，即 2006 年以来，浙江夏季平均气温存在明显的上升趋势。

秋季 UF 曲线和 UB 曲线在 1998—2000 年重合，且重合区段位于 0.05 显著性水平上下临界点区间内，因此可以认定浙江秋季平均气温在 1998—2000 年发生突变。UF 曲线在 1994 年左右穿过 0 值线，2002 年越过 0.05 显著性水平下的上临界值后，UF 曲线仍然呈现快速上升态势，这表明浙江省在 1994 年后的秋季平均气温较 1994 年前偏高，且偏高的趋势随着 1998—2000 年发生的突变，在 2002 年后变得非常显著，即 2002 年后浙江秋季平均气温存在明显的上升趋势。

冬季 UF 曲线和 UB 曲线较为特殊，它们在样本区间内有多个交点，且交点均位于 0.05 显著性水平上下临界点区间内，因此可以认定浙江省冬季平均气温在 1998—2000 年发生多次突变。UF 曲线在 1997 年后稳定高于 0 直线，这表明浙江省在 1997 年后的冬季平均气温较 1997 年前偏高。然而，UF 曲线始终没有稳定越过 0.05 显著性水平下的上临界值，无法认定浙江冬季平均气温存在较为明显的上升趋势。

## 3.4 降水变化特征

### 3.4.1 年际变化

1987—2016 年，浙江年降水量在 1 038.8～1 837.9 毫米波动，最低值出现在 2003 年，最高值出现在 2014 年，平均值为 1 504.2 毫米。浙江年降水量整体呈现大幅波动的态势，降水倾向率为 25.99 毫米/10 年（图 3.5），线性拟合方程的拟合优度仅为 0.013，这说明时间趋势对降水变化的解释程度只有 1.3%，而且方程回归系数并未通过 5% 显著性水平检验，因此无法认定 1987—2016 年浙江存在较为明显的降水变化趋势。以 2001 年为界，可以明显观察到，1987—2001 年年降水量大致波动范围（1 220～1 720 毫米）小于 2002—2016 年年降水量大致波动范围（1 110～1 850 毫米）。这一结果可以初步说明，浙江年降水量未见明显变化趋势，但降水量的波动幅度有所加强。

分地区看，浙江各地区降水倾向率存在差异。总的来说，浙江各地区年降水量有所增加（温州市除外），其中，嘉兴市和宁波市的降水倾向率为全省最高，超过了 50 毫米/10 年，分别达 67.62 毫米/10 年和 96.81 毫米/10 年；湖州市、舟山市、金华市、衢州市和丽水市的降水倾向率均在 30～50 毫米/10

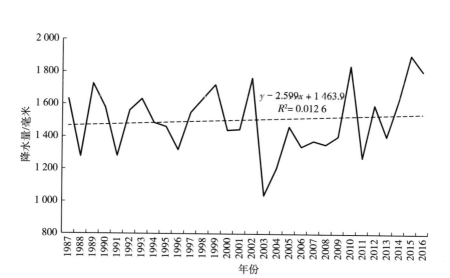

图 3.5　浙江年降水量变化趋势

年，略高于全省平均水平；杭州市、绍兴市和台州市的降水倾向率略低于全省平均水平，在 10~30 毫米/10 年；温州市的降水倾向率全省最低，也是唯一一个负值，为−5.56 毫米/10 年。

利用 Mann-Kendall 法对 1987—2016 年浙江省年降水量进行气候突变检验，得到图 3.6。从图 3.6 可以发现，$UF$ 曲线和 $UB$ 曲线在 1988—1989 年和 2014 年左右相交两次，且两个交点均位于 0.05 显著性水平上下临界点区间内，因此可以判断浙江年降水量在 1988—1989 年和 2014 年发生突变。然而，

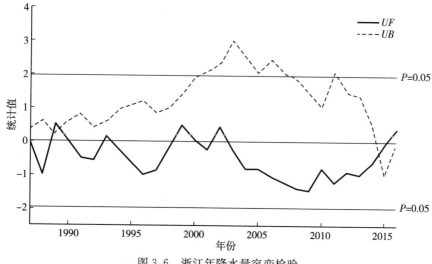

图 3.6　浙江年降水量突变检验

*UF* 曲线第一次突变后没有快速上升或下降，而是在 0 值线附近波动。2003 年后，*UF* 曲线稳定低于 0 值线，直至 2014 年第二次突变后才再次高于 0 值线。在样本区间内，*UF* 曲线始终没有冲破 0.05 显著性水平下的上下临界值，这表明浙江省年降水量可能不存在明显的年际变化趋势。

### 3.4.2 季节变化

浙江 1987—2016 年四季降水量变化趋势如图 3.7 所示。四季降水均存在较大幅度的波动，但没有呈现非常明显的随年份上升或下降的趋势。

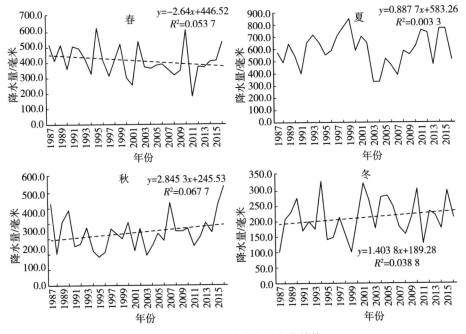

图 3.7　浙江四季降水量变化趋势

春季降水量在 332.8～614.1 毫米波动，最低值出现在 2011 年，最高值出现在 1995 年，平均值为 405.6 毫米。总体来说，浙江春季降水量呈一定的波动下降趋势，降水倾向率为 −26.4 毫米/10 年，是四季降水倾向率中唯一一个负值，线性拟合方程的拟合优度仅为 0.054，说明时间趋势对降水变化的解释程度只有 5.4%，而且方程回归系数未通过 5% 显著性水平检验，因此无法认定 1987—2016 年浙江春季降水存在显著的下降趋势。

夏季降水量在 332.8～852.9 毫米波动，最低值出现在 2003 年，最高值出现在 1999 年，平均值为 597 毫米，为四季降水量中的最高值。总体来说，浙江夏季降水量呈"先上升—后下降—再上升"的态势，降水量波动上升至

1999 年超过 800 毫米的峰值后，迅速在 2003 年跌至 350 毫米以下的区间最低值，随后又快速上升超过 700 毫米，波动幅度为四季最高。浙江省夏季降水倾向率为 8.88 毫米/10 年，线性拟合方程的拟合优度仅为 0.003，说明时间趋势对降水变化的解释程度只有 0.3%，而且方程回归系数未通过 5% 显著性水平检验，因此无法认定 1987—2016 年浙江夏季降水存在显著的上升趋势。

秋季降水量在 162.1~541.6 毫米波动，最低值出现在 2003 年，最高值出现在 2016 年，平均值为 289.6 毫米。总体来说，浙江秋季降水量呈一定的波动上升趋势，降水倾向率为 28.45 毫米/10 年，是四季降水倾向率中的最高值，线性拟合方程的拟合优度仅为 0.068，说明时间趋势对降水变化的解释程度只有 6.8%，而且方程回归系数未通过 5% 显著性水平检验，因此无法认定 1987—2016 年浙江秋季降水存在显著的上升趋势。

冬季降水量在 99.9~328.1 毫米波动，最低值出现在 1999 年，最高值出现在 1994 年，平均值为 211 毫米，为四季降水量中的最低值。总体来说，浙江冬季降水量呈一定的波动上升趋势，降水倾向率为 14.09 毫米/10 年，线性拟合方程的拟合优度仅为 0.039，说明时间趋势对降水变化的解释程度只有 3.9%，而且方程回归系数未通过 5% 显著性水平检验，因此无法认定 1987—2016 年浙江冬季降水存在显著的上升趋势。

分地区看，浙江各地区季节降水倾向率存在差异。总的来说，春秋两季各地降水倾向率绝对值较高，且两季降水倾向方向相反；夏冬两季中，降水倾向率在 -10~10 毫米/10 年的地区约占一半，其他地区则呈现正向但是不高的降水倾向率。

浙江各地区春季降水倾向率均为负值，其中，衢州市、丽水市和温州市的降水倾向率最低，位于 -50~-30 毫米/10 年，分别达 -32.51 毫米/10 年、-33.52 毫米/10 年和 -45.95 毫米/10 年；湖州市和嘉兴市的降水倾向率最接近 0，分别为 -4.92 毫米/10 年和 -5.62 毫米/10 年；其他地区的降水倾向率在 -30~-10 毫米/10 年。各地区夏季降水倾向率大多为正值，最高的地区为宁波市，达 38.26 毫米/10 年；最低的是舟山市，为 -8.3 毫米/10 年；衢州市、金华市和台州市的降水倾向率在 10~30 毫米/10 年，略低于全年平均水平；其他地区降水倾向率在 -10~10 毫米/10 年。各地区秋季降水倾向率均为正值，最高的地区是宁波市，达 65.76 毫米/10 年，另外，嘉兴市和丽水市的降水倾向率也 >50 毫米/10 年；最低的地区为温州市，降水倾向率为 2.82 毫米/10 年；其他地区的降水倾向率均在 30~50 毫米/10 年。各地区冬季降水倾向率均为正值，但总体偏低，最高值来自舟山市，为 16.7 毫米/10 年，杭州市、绍兴市、宁波市、金华市和台州市降水倾向率略超过 10 毫米/10 年的区间分界线，其他地区降水倾向率均不足 10 毫米/10 年。

利用 Mann-Kendall 法对 1987—2016 年浙江四季降水量序列进行气候突变检验，得到图 3.8。

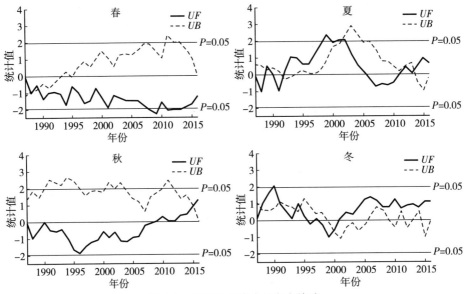

图 3.8　浙江四季降水量突变检验

春季 $UF$ 曲线和 $UB$ 曲线在 1988—1989 年相交，且交点位于 0.05 显著性水平上下临界点区间内，因此可以认定浙江春季降水量在 1988—1989 年发生突变。$UF$ 曲线始终位于 0 值线以下，表明样本区间内，春季降水量存在一定下降趋势。然而，$UF$ 曲线仅在 1999 年突破 0.05 显著性水平下的下临界值，其他年份均在临界区间内，因此无法认定浙江春季降水量存在显著下降趋势。

夏季 $UF$ 曲线和 $UB$ 曲线在样本区间内多次相交，且交点位于 0.05 显著性水平上下临界点区间内，因此可以认定浙江夏季降水量在样本区间内发生多次突变。$UF$ 曲线在样本区间内大幅波动，多次穿越 0 值线，然而 $UF$ 曲线仅在 1999 年和 2001 年略微突破 0.05 显著性水平下的上临界值，其他年份均在临界区间内，因此无法认定浙江省春季降水量存在显著上升趋势。

秋季 $UF$ 曲线和 $UB$ 曲线在 2015 年相交，且交点位于 0.05 显著性水平上下临界区间内，因此可以认定浙江秋季降水量在 2015 年发生突变。$UF$ 曲线在 2009 年之前均位于 0 值线以下，表明 2009 年以前秋季降水量存在一定下降趋势。但 $UF$ 曲线在 2009 年之前始终没有突破 0.05 显著性水平下的下临界值，因此无法认定浙江秋季降水量在该区间内存在显著下降趋势。2009 年之后 $UF$ 曲线快速上升，并伴有降水突变发生，但是由于无法观测到 2016 年之后的 $UF$ 值，无法认定 $UF$ 曲线是否会突破 0.05 显著性水平下的上临界值，因此无法认定 2009 年后浙江秋季降水量在该区间内存在显著上升趋势。

冬季 *UF* 曲线和 *UB* 曲线在样本区间内多次相交，且交点位于 0.05 显著性水平上下临界点区间内，因此可以认定浙江冬季降水量在样本区间内发生多次突变。*UF* 曲线在样本区间内两次穿越 0 值线，大部分年份处于 0 值线上方，但始终没有突破 0.05 显著性水平下的上临界值，因此无法认定浙江省春季降水量存在显著上升趋势。

## 3.5 日照变化特征

### 3.5.1 年际变化

1987—2016 年，浙江年日照时数在 1 361.8～1 950.6 小时波动，最低值出现在 2015 年，最高值出现在 2003 年，平均值为 1 729.2 小时。浙江年日照时长呈现小幅波动下降的趋势，日照倾向率为 −43.7 小时/10 年（图 3.9），线性拟合方程的拟合优度仅为 0.092，说明时间趋势对降水变化的解释程度只有 9.2%，而且方程回归系数未通过 5% 显著性水平检验，因此无法认定 1987—2016 年浙江年日照时长存在显著下降趋势。事实上，如果剔除 2015 年、2016 年的低值样本，浙江年日照时数波动区间下界将迅速从不到 1 400 小时提升到 1 600 小时左右，拟合曲线波动幅度更小，日照倾向率也从 −43.7 小时/10 年提升至 −7.23 小时/10 年。

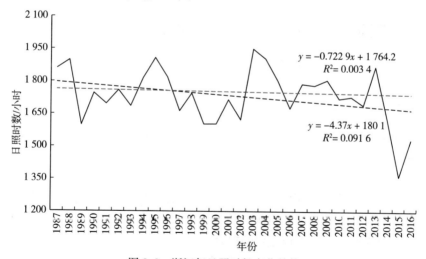

图 3.9 浙江年日照时长变化趋势

分地区看，浙江各地区日照倾向率存在差异。总的来说，各地区日照倾向率中仅有宁波市、绍兴市和衢州市为正，其中，宁波市日照倾向率最高，达 72.77 小时/10 年，绍兴市和衢州市日照倾向率在 15～45 小时/10 年；杭州市日照倾向率最低，为 −105.2 小时/10 年，嘉兴市、丽水市和温州市日照倾向率略低于杭州市，均<－75 小时/10 年；舟山市和台州市日照倾向率在－75～－45小时/10 年，湖州市和金华市日照倾向率在－45～－15 小时/10 年。

用 Mann-Kendall 法对 1987—2016 年浙江省年日照时数序列进行气候突变检验，得到图 3.10。UF 曲线和 UB 曲线在样本年间多次相交，且交点均位于0.05 显著性水平上下临界点区间内，因此可以认定浙江年日照时数在样本年间发生多次突变。UF 曲线在样本年间多次越过 0 值线，但大部分年份仍处于0 值线下方，这说明年日照时数在样本年间存在一定下降趋势。然而 UF 曲线始终未能突破 0.05 显著性水平上下临界线，因此无法认定浙江年日照时数存在显著下降趋势。

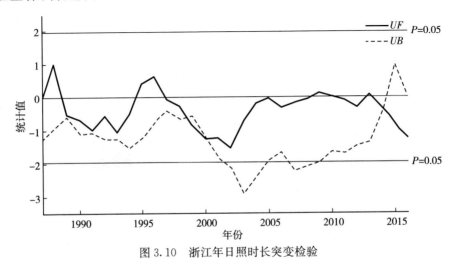

图 3.10　浙江年日照时长突变检验

## 3.5.2　季节变化

浙江 1987—2016 年四季日照时数变化趋势如图 3.11 所示，四季日照时数均存在较大幅度的波动，存在一定随年份上升或下降趋势。

浙江春季日照时数在 303.7～519.9 小时波动，最低值出现在 2002 年，最高值出现在 2009 年，平均值为 414.8 小时。总体来说，浙江春季日照时数呈现一定的波动上升趋势，日照倾向率为 23.47 小时/10 年，是四季日照倾向率中唯一一个正值，线性拟合方程的拟合优度为 0.165，说明时间趋势对降水变化的解释程度为 16.5%，而且方程回归系数通过了 5%显著性水平检验，因此可以认定 1987—2016 年浙江春季日照时数存在比较显著的下降趋势。

浙江夏季日照时数在 365.2～676.8 小时波动，最低值出现在 1999 年，最高值出现在 1990 年，平均值为 553.1 小时，为四季日照时数中的最高值。总体来说，浙江夏季日照时数呈现一定的小幅波动下降趋势，日照倾向率

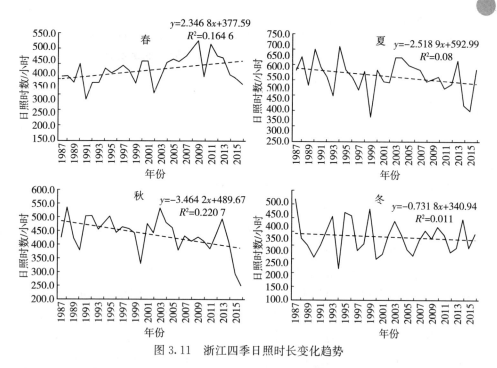

图 3.11　浙江四季日照时长变化趋势

为 −25.189 小时/10 年，是四季日照倾向率中唯一的负值，线性拟合方程的拟合优度为 0.081，说明时间趋势对降水变化的解释程度为 8.1%，拟合方程回归系数并未通过 5% 显著性水平检验，因此无法认定 1987—2016 年浙江夏季日照时数存在显著的下降趋势。

　　浙江秋季日照时数在 248.5～536.1 小时波动，最低值出现在 2016 年，最高值出现在 1988 年，平均值为 436.3 小时。总体来说，浙江秋季日照时数呈现一定的波动下降趋势，日照倾向率为 −34.64 小时/10 年，是四季日照倾向率中的最低值，线性拟合方程的拟合优度为 0.221，说明时间趋势对降水变化的解释程度为 22.1%，拟合方程回归系数并未通过 5% 显著性水平检验，因此无法认定 1987—2016 年浙江省秋季日照时数存在显著的下降趋势。值得注意的是，浙江秋季日照时数在 2013 年后经历了样本区内最明显的骤降，下降幅度超过 250 小时。

　　浙江冬季日照时数在 214.1～468.2 小时波动，最低值出现在 1994 年，最高值出现在 1987 年，平均值为 325.2 小时，为四季中日照时数中最低值。总体来说，浙江省冬季日照时数波动最频繁，且在频繁波动中呈现下降趋势，日照倾向率为 −7.32 小时/10 年，线性拟合方程的拟合优度为 0.011，说明时间趋势对降水变化的解释程度为 1.1%，拟合方程回归系数并未通过 5% 显著性水平检验，因此无法认定 1987—2016 年浙江冬季日照时数存在显著的下降趋势。

分地区看，浙江各地区季节日照倾向率存在差异。总的来说，各地区呈现"春季升高，夏、秋降低，冬季不变"的态势，春季各地区日照倾向率均在 0 值以上，夏、秋两季各地区日照倾向率均在 0 值以下，冬季各地区日照倾向率大多位于 0 值上下 15 小时/10 年内。

春季日照倾向率最高的地区为宁波市，达 49.17 小时/10 年；绍兴市和衢州市的日照倾向率也超过了 45 小时/10 年，与宁波市同在 45～75 小时/10 年；湖州市、嘉兴市和台州市日照倾向率在 15～45 小时/10 年；丽水市日照倾向率最低，为 4.85 小时/10 年，其他地区日照倾向率在 −15～15 小时/10 年。在各地区夏季日照倾向率中，仅有绍兴市和宁波市的日照倾向率高于 −15 小时/10 年，分别为 −10.46 小时/10 年和 −2.287 小时/10 年；杭州市日照倾向率最低，为 −45.96 小时/10 年；其他地区日照倾向率在 −15～−45 小时/10 年波动。秋季日照倾向率负向程度高于夏季，仅有宁波市日照倾向率高于 −15 小时/10 年，为 −7.62 小时/10 年；日照倾向率最低的地区为金华市，其值为 −88.74 小时/10 年，低于 −75 小时/10 年划定临界值；其次为嘉兴市、杭州市、丽水市和温州市，这些城市的日照倾向率在 45～75 小时/10 年，其他城市日照倾向率在 15～45 小时/10 年。绝大多数地区的冬季日照倾向率在 −15～15 小时/10 年，仅有宁波市和绍兴市日照倾向率达 15～45 小时/10 年；温州市是唯一一个冬季日照倾向率低于 −15 小时/10 年的地区，其值为 −19.82 小时/10 年。

利用 Mann-Kendall 法对 1987—2016 年浙江省四季日照时数序列进行气候突变检验，得到图 3.12。

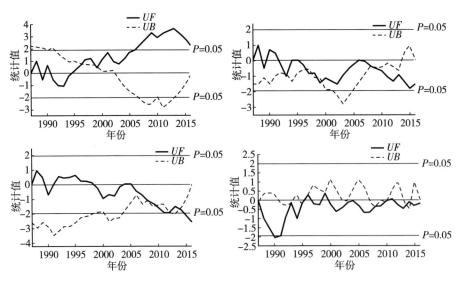

图 3.12　浙江四季日照时长突变检验

　　春季 $UF$ 曲线和 $UB$ 曲线在 1996 年左右相交，且交点位于 0.05 显著性水平上下临界点区间内，因此可以判断浙江春季日照时数在 1992 年发生突变。$UF$ 曲线在 1995 年左右穿过 0 值线，随后波动上升，于 2006 年左右越过 0.05 显著性水平下的上临界值，这表明浙江在 1995 年之后的春季日照时数较之前偏高，且偏高的趋势在 2006 年之后变得非常显著，即 2006 年以来，浙江省春季日照时数存在比较明显的上升趋势。

　　夏季 $UF$ 曲线和 $UB$ 曲线在样本区间内多次相交，且交点均位于 0.05 显著性水平上下临界点区间内，因此可以判断浙江夏季日照时数在样本区间内发生多次突变。$UF$ 曲线 1992 年左右向下穿越 0 值线后，一直稳定在 0 值线下方，这说明浙江省夏季日照时数在 1992 年之后较之前偏低，存在一定下降趋势。然而 $UF$ 曲线始终没能突破 0.05 显著性水平下的下临界值，因此无法认定浙江夏季日照时数存在显著下降趋势。

　　秋季 $UF$ 曲线和 $UB$ 曲线在 2007—2013 年多次相交，且交点位于 0.05 显著性水平上下临界点区间内，因此可以判断浙江秋季日照时数在 2007—2013 年发生多次连续突变。$UF$ 曲线 1998 年左右向下穿越 0 值线后，一直稳定在 0 值线下方，这说明浙江秋季日照时数在 1998 年之后较之前偏低，存在一定下降趋势。随着气温突变发生，$UF$ 曲线于 2013—2014 年突破 0.05 显著性水平下的下临界值，因此可以认定浙江秋季日照时数在 2014 年之后存在显著下降趋势。

　　冬季 $UF$ 曲线和 $UB$ 曲线在样本区间内多次相交，且交点均位于 0.05 显著性水平上下临界点区间内，因此可以认定浙江冬季日照时数在样本区间内发生多次突变。$UF$ 曲线除了在 1996 年和 1999 年略超过 0 值线，其余年份一直稳定在 0 值线下方，说明浙江冬季日照时数在样本区间内存在一定下降趋势。然而 $UF$ 曲线始终没能突破 0.05 显著性水平下的下临界值，且大多在靠近 0 值线的区域内波动，因此无法认定浙江冬季日照时数存在显著下降趋势。

## 3.6　本章小结

　　本章基于《浙江统计年鉴》及浙江省 11 个地级市逐月气象资料，采用气候倾向率和气候突变检验（Mann-Kendall 法）等指标与方法，分析了 1987—2016 年浙江省气温、降水量和日照时长三大气候要素的年际以及季节变化主要特征。

　　在气温方面，1987—2016 年浙江年平均气温为 17.6℃，整体呈现小幅波动上升趋势，气温倾向率达 0.42℃/10 年，且通过 1％显著性水平检验，气温突变点出现在 1996 年，突变检测值在 1998 年之后通过 5％显著性水平检验，因此可以认定浙江省年平均气温存在明显的上升趋势。分地区看，绍兴市增温趋势最明显，与绍兴市相邻的城市气温倾向率也普遍高于其他城市。分季节看，春、夏、秋、冬四季气温倾向率分别为0.53℃/10年、0.39℃/10年、0.60℃/10年和0.14℃/10年，春、夏、秋三季样本均通过1%显著性水平的回归系数检验和5%显著性水平的突变值检验，因此可以认定浙江省春、夏、秋平均气温存在明显的上升趋势。冬季样本未通过回归系数和突变值检验，因此无法认定其是否存在明显的变化趋势。

在降水方面，1987—2016年浙江年降水量平均值为1 504.2毫米，整体呈现大幅波动的态势，且2002—2016年的波动范围大于1987—2001年的波动范围。降水倾向率为25.99毫米/10年，但未通过1%显著性水平的回归系数检验和5%显著性水平的突变值检验，因此无法认定浙江年降水量存在明显的上升趋势。分地区看，全省各地降水量均呈现一定上升趋势，其中，宁波市和嘉兴市的降水倾向率最高。分季节看，春、夏、秋、冬四季降水倾向率分别为−26.4毫米/10年、8.88毫米/10年、28.45毫米/10年和14.09毫米/10年，呈现春季降水减少，夏、秋、冬降水增多的态势，然而四季样本均未通过1%显著性水平的回归系数检验和5%显著性水平的突变值检验，因此无法认定其降水量存在明显变化趋势。

在日照方面，1987—2016年浙江年日照时数平均值为1 729.2小时，整体呈现小幅波动下降的态势，日照倾向率为−43.7小时/10年，若剔除2015和2016年的明显低值样本，则日照倾向率变更为−7.23小时/10年。但无论是否剔除明显低值样本，浙江年日照时数序列均未通过1%显著性水平的回归系数检验和5%显著性水平的突变值检验，因此无法认定浙江年日照存在明显的下降趋势。分地区看，宁波市、绍兴市和金华市年日照时数有所增加，其他地区则呈现不同程度的减少趋势。分季节看，春、夏、秋、冬四季日照倾向率分别为23.47小时/10年、−25.19小时/10年、−34.64小时/10年和−7.32小时/10年，呈现春季日照时数增多，夏、秋、冬日照时数减少的态势。其中，春季样本通过1%显著性水平的回归系数检验和5%显著性水平的突变值检验，因此可以认定浙江省春季日照时数存在明显增多趋势。夏、秋、冬季样本均未通过1%显著性水平的回归系数检验和5%显著性水平的突变值检验，因此无法认定其日照时数存在明显减少趋势。

总体来看，气温升高已成为浙江最近30年气候变化的主要特征，降水和日照的均值无明显变化，但存在一定的年际间波动以及地区和季节差异。

**CHAPTER** *4*

# 浙江农作物生产波动性研究：基于气候单产视角

本章是本书研究气候变化对农作物生产影响的主要内容之一，旨在从气候统计学角度出发，分析气候变化对浙江水稻（早稻、中晚稻）、玉米、小麦、大麦、薯类、大豆和油菜籽单产波动性的影响。本章内容安排如下：4.1 简要介绍了浙江 1987—2016 年浙江水稻等主要农作物的生产概况；4.2 采用 H－P 滤波法，分解浙江水稻等主要农作物的产量，得到受生产技术进步和要素投入影响的趋势产量和受气候波动影响的气候产量；4.3 采用相对气候产量、气候平均减产率和减产变异系数等减产分析指标，进一步分析气候变化条件下农作物产量的波动情况；4.4 为本章小结。

## 4.1 农作物生产现状

浙江地处亚热带季风气候区，水热条件优渥，是历史上著名的鱼米之乡，孕育了以河姆渡文化、良渚文化等为代表的中国早期农业文明。随着工业化、城镇化和经济发展，浙江农业生产的形势发生了较大改变，浙江逐渐从新中国成立以来的粮食自足区转变为全国第二大主销区，成为我国农林牧渔各业全面发展的综合性农区，产业门类齐全、特色产品丰富。"十二五"期间，全省共建成粮食生产功能区 7 886 个，面积 676.8 万亩，现代农业园区 818 个，516.5 万亩，全省农作物播种面积连续 5 年稳定在 3 400 万亩以上，粮食播种面积稳定在 730 万亩以上（浙江省发展和改革委员会，2016）。

### 4.1.1 种植面积和产量变化

从 1987—2016 年浙江农作物播种面积和产量变化来看（图 4.1），可以发现，浙江省农作物播种面积在 20 世纪 90 年代初期至 21 世纪前 10 年中期这十几年内出现明显滑坡，农作物总播种面积从 1990 年的 6 577.1 万亩锐减至 2007 年的 3 694.2 万亩，降幅达 43.8%。其中，同期粮食作物播种面积从 4

59

899 万亩下滑到 1 864.8 万亩，粮食总产量从 1 586 万吨减少至 728.6 万吨，减产幅度达 54.1％。2007 年后，浙江粮食播种面积趋于平稳。除粮食以外的其他作物播种面积变化不大，2000 年前后还出现小幅度上升趋势，这表明农作物播种面积滑坡主要是由粮食作物面积减少导致的。1999 年以前，粮食作物播种面积占农作物总面积比重超过 65％，而在 2003 年之后，粮食作物和其他农作物播种面积曲线趋于重合，且没有明显大幅度的波动趋势。

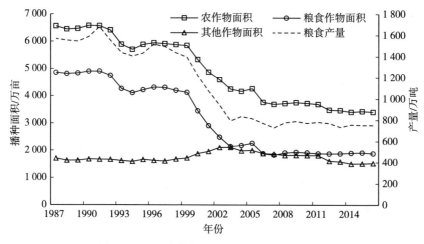

图 4.1　浙江农作物种植面积与产量变化趋势

**（1）水稻**

水稻是浙江最重要也是种植最广泛的农作物品种，其播种面积常年占全省粮食种植总面积 70％以上。浙江雨水丰沛、日照充足，良好的水热条件使浙江地区可以种植早、中、晚 3 季水稻。由于实际农业生产中中稻和晚稻的界限比较模糊，且大部分地区种植双季稻，统计上也不做区分，因此本书将水稻分为早稻和中晚稻两类。图 4.2 表现了浙江 1987—2016 年水稻种植面积和产量的变化趋势。

与图 4.1 表现的趋势相仿，浙江水稻种植面积在 20 世纪 90 年代初开始也经历了一次明显的滑坡，水稻种植面积从 1990 的 3 573.5 亩下降到 2004 年 1 542.2 万亩，下降幅度为 56.8％；早稻种植面积从 1 566.3 万亩下滑到 231.2 万亩，减少了 85％；中晚稻种植面积从 2 009 万亩下滑到 2004 年的 1 311 万亩，减少了 34.8％。水稻种植面积滑坡结点在 2004 年左右，比农作物总面积滑坡结点早了 3 年，这在一定程度上说明，在农作物种植面积锐减的趋势中，水稻率先进入平稳期，水稻播种面积稳定在 1 200 万～1 500 万亩，早稻播种面积稳定在 200 万～300 万亩，中晚稻种植面积在 1 000 万～1 300 万亩。水稻

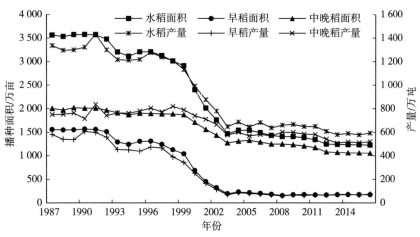

图 4.2　浙江水稻种植面积与产量变化趋势

产量曲线波动趋势与种植面积曲线趋势大致相同，说明样本区间内浙江水稻单产水平没有出现大幅度波动。1990 年浙江水稻总产量为 1 321.3 万吨，2004 年进入稳定期后，水稻总产量为 600 万～700 万吨，早稻总产量为 60 万～100 万吨，中晚稻总产量在 500 万～600 万吨。

**（2）玉米、小麦和大麦**

除水稻以外，浙江主要种植的谷物还有玉米、小麦和大麦。图 4.3 表现了浙江 1987—2016 年玉米、小麦和大麦 3 种谷物的播种面积与产量变化趋势。

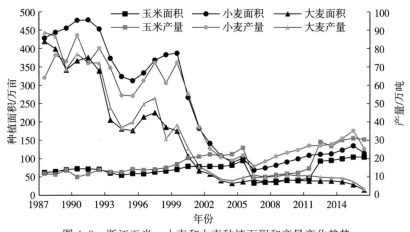

图 4.3　浙江玉米、小麦和大麦种植面积和产量变化趋势

玉米播种面积大致呈现缓慢上升态势，从 1987 年的 61.9 万亩上升到 2016 年的 104.2 万亩，扩大幅度达 68.3%，同期玉米年产量也从 11.8 万吨增加到 30.4 万吨，增产 1.58 倍，远高于播种面积扩大速度，这表明同期玉米单产水平提高较大。

大麦和小麦播种面积变化趋势较为相似，均在 20 世纪 90 年代前半段以及 90 年代末至 2005 年左右两个时间段内呈现较为明显的下降趋势。小麦播种面积第一次滑坡发生在 1991—1995 年，从 477.6 万亩下降到 312.3 万亩，随后恢复到 1999 年的 386.9 万亩。第二次滑坡发生在 1999—2006 年，播种面积锐减至 68.1 万亩，仅为 1991 年的 14.3％。2006 年后，小麦播种面积出现一定恢复性增长，2016 年小麦播种面积为 114.9 万亩，较 2006 年增长 68.7％。小麦产量曲线变动趋势与播种面积曲线大致相同，但 1999—2003 年小麦产量曲线从播种面积曲线下方向上突破，2005 年后稳定在播种面积曲线上方，这表明小麦产量面积比发生变化，小麦单产水平有所提高。

大麦播种面积第一次滑坡发生在 1991—1995 年，从 375.2 万亩下降到 17.2 万亩，随后 2 年短暂恢复到 1997 年的 224.5 万亩。第二次滑坡发生在 1997—2004 年，播种面积锐减至 32.3 万亩，不到 1991 年的 1/10。2004 年后，大麦播种面积稳定在 39 万亩左右，2013 年后又呈现下降趋势，2016 年大麦播种面积仅为 14.2 万亩，不到 2006 年的 1/3。大麦产量曲线一直紧贴播种面积曲线波动，表明大麦没有呈现明显的单产变化趋势。

**（3）薯类、大豆和油菜**

除了水稻、玉米、小麦和大麦 4 种主要谷物农作物以外，薯类、大豆和油菜等农作物在浙江各地区也种植较为广泛。图 4.4 给出了浙江 1987—2016 年薯类、大豆和油菜 3 种作物的播种面积与产量变化趋势。总体来看，3 种农作物播种面积大致呈现"先升后降再恢复"的趋势。

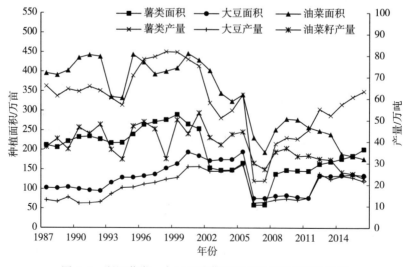

图 4.4　浙江薯类、大豆和油菜种植面积与产量变化趋势

薯类播种面积"先升"发生在1987—1999年，从211.6万亩缓慢升高至289.7万亩，上升幅度为36.9%，同期产量从65.9万吨增长到81.7万吨；"后降"发生在1999—2006年，播种面积锐减至58.2万亩，仅为1999年的1/5，产量也随之减少到21.8万吨；"再恢复"发生在2007年后，2008年薯类播种面积跃升至137.6万亩，是2006年的2.36倍，随后继续缓慢上升，2016年薯类播种面积达200.6万亩，产量达63.5万吨，为2006年的3倍。

大豆播种面积"先升"发生在1987—2005年，从102.7万亩波动升高至194.6万亩，上升幅度为89.5%，产量同期从13万吨增长到29.4万吨；2006年大豆播种面积锐减了60%，降至75.9万亩，产量也随之减少到11.6万吨；随后几年大豆播种面积保持稳定，直至2012年达132.7万亩。2012年后大豆播种面积进入稳定期，2012—2016年播种面积保持在133万亩左右，产量波动区间为21万~25万吨。

油菜播种面积"先升"发生在1987—2000年，在经历两次小幅下行震荡后，从395.7万亩升高至445.8万亩，上升幅度为12.2%，产量同期从37.7万吨增长到43.7万吨。"后降"发生在2000—2007年，播种面积锐减至193.2万亩，仅为2000年的43%，产量也随之减少到27.2万吨；"再恢复"发生在2007—2009年，油菜播种面积于2009年恢复到278.6万亩，产量增长至37万吨。随后，油菜播种面积缓慢下降，2016年降至176.3万亩，产量随之降至22.9万吨，较2009年下降39%。

### 4.1.2 单产变化

**（1）水稻**

图4.5表现了1987—2016年浙江水稻单产的变化趋势，实线为浙江单产

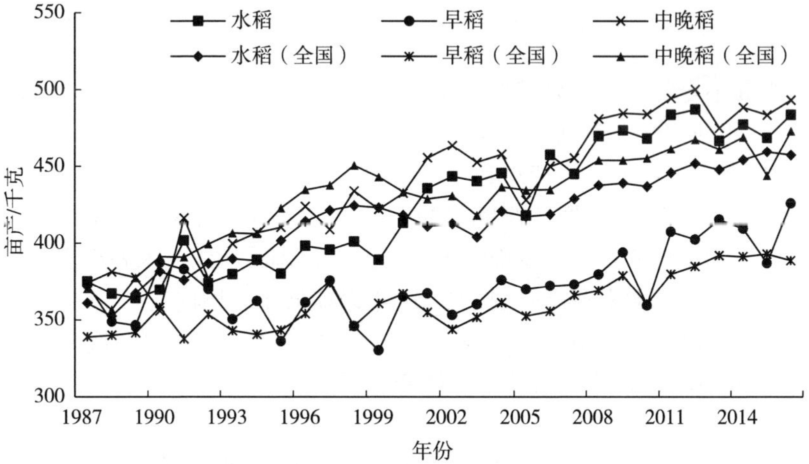

图4.5 浙江水稻单产变化趋势

值，虚线为全国平均单产。浙江水稻单产水平呈现明显的波动上升趋势，水稻单产从 1987 年的 375 千克/亩提高到了 2016 年的 483.7 千克/亩，增产幅度为 29%；早稻和中晚稻单产分别从 372.9 千克/亩和 374.2 千克/亩增加到了 426 千克/亩和 493.2 千克/亩，增产率达 14.2% 和 31.8%。中晚稻单产曲线与早稻单产曲线的纵向距离存在随年份增加而扩大的趋势，表明中晚稻增产幅度高于早稻。此外，从 2000 年开始，浙江 3 条水稻单产曲线均基本高于全国曲线，表明浙江省水稻单产高于全国平均水平。

**（2）玉米、小麦和大麦**

图 4.6 表现了 1987—2016 年浙江玉米、小麦和大麦单产的变化趋势，实线为浙江单产值，虚线为全国平均单产。3 种谷物单产水平均呈现一定的波动上升趋势。

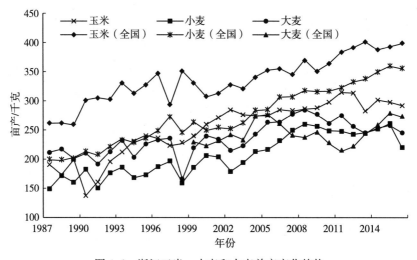

图 4.6　浙江玉米、小麦和大麦单产变化趋势

玉米和小麦的增产趋势较为明显，玉米单产从 1987 年的 190.6 千克/亩提高到 2016 年的 292.1 千克/亩，增产幅度超过 53%；小麦单产从 149.6 千克/亩增加到 221 千克/亩，增产率达 47.7%。大麦同期单产水平从 212 千克/亩增加到 245.9 千克/亩，增产幅度仅为 16%，远小于玉米和小麦的增产幅度。此外，玉米和小麦的单产曲线均低于全国曲线，表明浙江玉米和小麦的单产高于全国平均水平；大麦单产曲线在 2007 年以前低于全国曲线，2007 年以后与全国曲线互有高低且差距不大，表明 2007 年以前浙江大麦单产低于全国平均水平，这种情况在 2007 年后发生了改变。

**（3）薯类、大豆和油菜籽**

图 4.7 表现了 1987—2016 年浙江薯类、大豆和油菜籽单产的变化趋势，

实线为浙江单产值，虚线为全国平均单产。总体来看，3 种农作物单产虚线均较为平缓，存在一定的缓慢上升趋势。

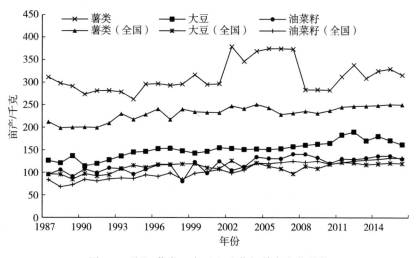

图 4.7　浙江薯类、大豆和油菜籽单产变化趋势

薯类单产在 2002—2007 年达到 350 千克/亩以上的高值，其余年份则在 250～350 千克/亩波动。2007 年后，薯类平均单产水平为 309 千克/亩，略高于 2002 年之前的 296.7 千克/亩。大豆单产曲线呈现缓慢上升趋势，单产水平从 1987 年的 126.6 千克/亩增长至 2016 年的 162 千克/亩，增产幅度为 28.0%。油菜籽单产呈现缓慢的小幅波动上升趋势，单产水平从 1987 年的 95.3 千克/亩增长至 2016 年的 130 千克/亩，增产幅度达 36.4%。浙江的薯类和大豆单产水平高于全国平均水平，其中，薯类单产的领先幅度最明显，部分年份甚至达 100 千克/亩；浙江油菜籽单产水平曲线则与全国平均曲线有多处重合或相交，表明二者差距不明显。

总体来看，虽然浙江农作物种植面积在 21 世纪初锐减，但浙江主要农作物单产水平仍在波动中不断上升。在 1987—2016 年这 30 年间，早稻和中晚稻单产的增幅分别达 14.2% 和 31.8%，玉米和小麦单产更是提高了 50% 左右，其他农作物的增产幅度也在 16% 以上。

## 4.2　分析思路与方法

### 4.2.1　分析思路

毋庸置疑，近年来农田水利建设、作物品种改良、化肥农药施用以及机械化推广等农业技术进步和田间管理改进对农作物增产的贡献巨大，但是长时间序列的农作物单产不仅受技术进步和经济发展影响,也与气温、降水量等气候要素密切相关。因此农学研究普遍认为,农作物单产通常可以分解为两部分(图4.8),第一部分是长周期分量,代表农作物产量中随社会生产力发展,特别是随农业技术进步增长的部分,即趋势单产。经济发展一方面能够为农业生产提供更多的要素投入,为农作物增产提供良好的物质要素条件;另一方面可以促进农业技术进步,进而提高生产投入要素的使用效率,为农作物增产提供有效的技术支持条件。另一部分是短周期分量,代表农作物单产中受气候要素变化和自然因素影响出现的波动,即气候单产。气候单产是农作物单产序列波动性的主要来源之一,是反映气候变化对农作物生产影响的重要指标之一(王媛等,2004;房世波,2011)。考察不同农作物的气候单产,有助于从农作物生产波动性角度对比分析气候变化对不同农作物影响的程度及其差异。

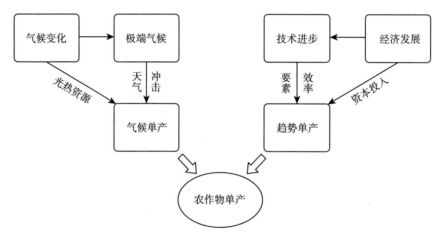

图 4.8 农作物单产的分解

## 4.2.2 单产分解

在现有文献中,农作物单产的分解方法主要有滑动平均法、线性拟合法、Logistic 拟合法和 H-P 滤波法。其中,滑动平均法容易造成气候波动分量不当消除等问题,而线性拟合法和 logistic 拟合法会高估低频波动序列,夸大趋势产量,只有采用 H-P 滤波法才能得到与实际较为相符的分离结果,反映气候变化对农业生产波动的影响。此外,H-P 滤波法不要求数据符合某种函数分布,能够模拟线性或非线性趋势,具备适用数据灵活性和处理数据包容性两大特点(王桂芝等,2014)。因此,本章采用 H-P 滤波法分解浙江农作物单产。

H-P 滤波法最早由 Hodrick 和 Prescott(1997)提出,用于分析美国二战后的经济周期问题，后被广泛应用于经济金融领域时间序列的研究，其主要思路是构建一个高通滤波器（High-Pass Filter），滤除时间序列中的低频部分，从而达到高低频分离的目的，基本原理如下：

时间序列 $Y=\{y_1, y_2 \cdots y_n\}$ 包含低频率的趋势项 $G=\{g_1, g_2 \cdots g_n\}$ 和高频率的随机波动项 $C=\{c_1, c_2 \cdots c_n\}$，H-P 滤波可以将 $Y$ 分解为

$$y_i = g_i + c_i, i = 1, 2, \cdots n \qquad (4-1)$$

为了让趋势项 $G$ 尽可能符合原始序列 $Y$，需要通过求解序列波动方差最小化得到 $g_i$，即有以下最小化问题

$$\min\left\{\sum_{i=1}^{n}(y_i - g_i)^2 + \lambda\sum_{i=1}^{n}\left[(g_{i+1} - g)^2 - (g - g_{i-1})\right]^2\right\}$$

$$(4-2)$$

求解式（4-2）需要先设定参数 $\lambda$。当 $\lambda=0$ 时，最小化问题最有解为 $g_i=y_i$，此时趋势序列与原序列完全重合，不存在随机波动序列；当 $\lambda \to \infty$ 时，趋势曲线将接近一条水平线。根据研究经验参考，年度数据研究一般将 $\lambda$ 设定为 100，月度数据为 1 600，月度数据为 14 400。在农作物年单产序列中，趋势单产为长周期低频波 $G$，气候单产为短周期高频波 $C$，$\lambda$ 设定为 100（王桂芝等，2014）。

### 4.2.3 气候减产分析

气候减产分析是在分解农作物单产序列后进一步分析由分解得到的气候单产的方法，其目的在于通过一系列指标，考察气候变化对农作物生产的影响程度，尤其是减产程度以及减产的波动性（程焜等，2011）。

**（1）相对气候产量**

相对气候产量也被称作气候单产率，是农作物气候减产分析的基础，以气候产量和趋势产量的比值表示，用以表明农作物产量偏离趋势产量的程度，其计算公式如下：

$$r = 100 \times \frac{y_c}{y_g} \qquad (4-3)$$

其中，$y_c$ 为农作物单产序列分解得到的气候单产，$y_g$ 为趋势单产。当 $r>0$ 时，该年份为气候丰年，气候状况有利于农作物生产；当 $r<0$ 时，该年份为气候歉年，气候状况不利于农作物生产；当 $r<-5\%$ 时，该年份为气候灾年，表明当年气候状况严重损害了农作物生产。气候歉年的总体减产情况可以用气候平均减产率表示，即所有气候歉年的气候减产率平均值。

**（2）减产变异系数**

减产变异系数指减产变动偏离其平均值的程度，表示气候减产波动情况，

通常用标准差和平均值的比值表示，其计算公式如下：

$$CV = \frac{Sd(y)}{\overline{Y}} = \frac{1}{\overline{Y}}\sqrt{\frac{\sum_{i=1}^{n}(y_i - \overline{Y})}{n-1}} \qquad (4-4)$$

其中，$\overline{Y}$ 为气候歉年农作物产量均值，$n$ 为气候歉年数。

## 4.3 研究结果

### 4.3.1 趋势单产

利用 stata15 软件和 H-P 滤波法对浙江 1987—2016 年水稻（早稻、中晚稻）、玉米、小麦、大麦、薯类、大豆和油菜籽的单产序列进行产量分解，得到每种农作物的趋势单产变化趋势（图 4.9）

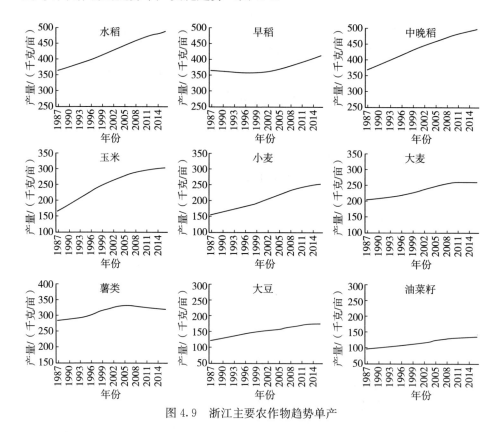

图 4.9 浙江主要农作物趋势单产

总体来看，在 1987—2016 年，浙江主要农作物趋势产量都呈现上升趋势，但增产幅度存在一定差异。其中，水稻（中晚稻）和玉米的趋势产量线最为

"陡峭"，是该期间内增产最明显的农作物品种。

早稻和中晚稻的趋势产量变化趋势存在明显区别，早稻趋势单产在1987—1998 年有所下滑，1999 年后才呈现加速上升的态势，从 358 千克/亩增加至 2016 年的 416 千克/亩；中晚稻趋势单产则一直保持较快的增产趋势，2016 年达 497 丁克/亩，较 1987 年增长了 128 千克/亩。玉米趋势单产在1987—2001 年几乎呈直线上升，15 年增长了 93 千克/亩，2002 年开始增速逐渐放缓，2002—2016 年这 15 年中，玉米趋势单产只增加了 40 千克/亩，不到前 15 年的一半。小麦和大麦的趋势单产变化情况与玉米相似，这两种作物趋势产量增长放缓的年份分别为 2009 年和 2006 年左右。薯类的趋势单产变化情况比较特殊，从 1987 年的 284 千克/亩加速上升至 2006 年的 331 千克/亩，随后呈现缓慢下降的趋势。大豆和油菜籽的趋势单产水平较低，这两种农作物趋势单产分别从 1987 年的 122 千克/亩和 97 千克/亩，增长至 2016 年的 176 千克/亩和 136 千克/亩，虽然呈现持续上升的态势，但增产速率和幅度均低于其他农作物。

进一步观察可以发现，除了玉米、小麦和大麦的趋势单产以外，中晚稻、油菜等农作物趋势单产的增长也在 1987—2016 年后期呈现一定程度上的放缓迹象，这意味着农作物单产不可能无限上升，在当前技术条件水平下，农作物增产潜力和空间可能在缩小，如果农业生产技术没有较大突破，增长将变得越来越困难。在这种情况下，积极应对农作物面临的减产风险，比如气候变化影响，可能是除了推动农业技术进步以外，继续保证农作物增产稳产的一条有效途径。

## 4.3.2 气候单产

浙江 1987—2016 年水稻（早稻、中晚稻）、玉米、小麦、大麦、薯类、大豆和油菜籽的单产变化趋势见图 4.10。

水稻气候单产在 $-25.30 \sim 24.14$ 千克/亩波动，最高值出现在 1991 年，最低值出现在 2005 年；有 14 个年份位于 0 值线上方，表明这些年份的气候状况有利于水稻生产，均值为 10.08 千克/亩，其中，1991 年和 2002 年表现最为明显，气候单产超过 15 千克/亩；有 16 个年份位于 0 值线下方，表明这些年份的气候状况对水稻生产造成一定的负面影响，均值为 $-8.82$ 千克/亩，其中，1999 年、2005 年和 2015 年影响较大，气候单产低于 $-15$ 千克/亩。分品种看，早稻气候单产在 $-28.65 \sim 25.57$ 千克/亩波动，最高值出现在 1990 年，最低值出现在 1999 年；有 16 个年份位于 0 值线上方，表明这些年份的气候状况有利于水稻生产，均值为 10.9 千克/亩，其中，1990 年、1991 年、1997 年和 2011 年表现最为明显，气候单产超过 15 千克/亩；有 14 个年份位于 0 值线

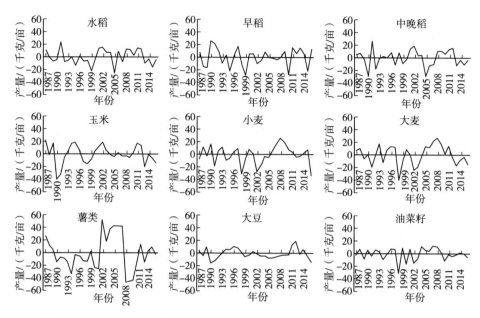

图 4.10 浙江主要农作物气候单产

下方,表明这些年份的气候状况对水稻生产造成一定的负面影响,均值为-12.46千克/亩,其中,1989年、1995年、1999年、2010年和2015年影响较大,气候单产低于-15千克/亩。中晚稻气候单产在-29.63~26.64千克/亩波动,波动幅度略大于早稻气候单产,最高值出现在1991年,最低值出现在2005年;有15个年份位于0值线上方,表明这些年份的气候状况有利于水稻生产,均值为10.27千克/亩,其中,1991年、2001年、2002年和2012年表现最为明显,气候单产超过15千克/亩;有15个年份位于0值线下方,表明这些年份的气候状况对水稻生产造成一定的负面影响,均值为-10.27千克/亩,其中,1990年、1992年和2005年影响较大,气候单产低于-15千克/亩。

玉米气候单产在-39.29~23.21千克/亩波动,波动范围较水稻大,最高值出现在1987年,最低值出现在1990年;有14个年份位于0值线上方,表明这些年份的气候状况有利于玉米生产,均值为12.32千克/亩,其中,1987年、1989年、1995年、2002年和2011年表现最为明显,气候单产超过15千克/亩;有16个年份位于0值线下方,表明这些年份的气候状况对玉米生产造成一定的负面影响,均值为-10.16千克/亩,其中,1990年、1991年和2013年影响比较大,气候单产低于-15千克/亩,1990年和1991年的气候单产更是向下突破了-30千克/亩水平线。

小麦气候单产在－32.88～26.43千克/亩波动，波动幅度较水稻大，最高值出现在2008年，最低值出现在2016年；有16个年份位于0值线上方，表明这些年份的气候状况有利于小麦生产，均值为10.44千克/亩，其中，1990年、1997—1999年表现最为明显，气候单产超过15千克/亩；有14个年份位于0值线下方，表明这些年份的气候状况对小麦生产造成了一定的负面影响，均值为－11.93千克/亩，其中，1991年、1998年、2002年、2003年和2016年影响较大，气候单产低于－15千克/亩，2016年气候单产向下突破－30千克/亩水平线。

大麦气候单产在－38.80～28.29千克/亩波动，波动范围较水稻、玉米和小麦3种主粮作物大，最高值出现在2008年，最低值出现在1998年；有17个年份位于0值线上方，表明这些年份的气候状况有利于大麦生产，均值为11.48千克/亩，其中，1993年、2007—2009年表现最为明显，气候单产超过15千克/亩；有13个年份位于0值线下方，表明这些年份的气候状况对大麦生产造成一定的负面影响，均值－13.48为千克/亩，其中，1991年、1998年、2002年、2003年和2013年影响较大，气候单产低于－15千克/亩，1998年气候单产向下突破－30千克/亩水平线。

薯类气候单产在－45.81～53.70千克/亩波动，波动范围接近100千克/亩，为8种农作物中最大值，最高值出现在2002年，最低值出现在2008年；有13个年份位于0值线上方，表明这些年份的气候状况有利于薯类生产，均值为24.48千克/亩，其中，1987年、2002—2007年表现最为明显，气候单产超过15千克/亩，2004—2007年向上突破了30千克/亩水平线，2002年更是越过了50千克/亩水平线；有17个年份位于0值线下方，表明这些年份的气候状况对薯类生产造成一定的负面影响，均值为－18.72千克/亩，其中，1994年、2000年、2001年，2008—2010年影响较大，气候单产低于－15千克/亩，1994年、2008—2010年气候单产则向下突破－30千克/亩水平线。

大豆气候单产在－14.41～19.38千克/亩波动，波动范围较3种主粮作物小，最高值出现在2012年，最低值出现在1990年；有个13年份位于0值线上方，表明这些年份的气候状况有利于大豆生产，均值为7.29千克/亩，其中，仅有2012年表现气候单产超过15千克/亩；有17个年份位于0值线下方，表明这些年份的气候状况对大豆生产造成一定的负面影响，均值为－5.57千克/亩，没有年份气候单产低于－15千克/亩。

油菜籽气候单产在－30.65～13.29千克/亩波动，最高值出现在2007年，最低值出现在1998年；有16个年份位于0值线上方，表明这些年份的气候状况有利于油菜籽生产，均值为7.21千克/亩，没有年份的气候单产高于15千

克/亩；有 14 个年份位于 0 值线下方，表明这些年份的气候状况对油菜籽生产
造成一定的负面影响，均值为 −8.24 千克/亩，其中，有 1998 年气候产量值
低于 −30 千克/亩，2000 年气候单产低于 −15 千克/亩。

总体来看，大豆和油菜籽气候单产的波动范围最小，水稻（包括早稻和中
晚稻）气候单产的波动范围略大于大豆和油菜籽，玉米、小麦和大麦的气候单
产相对较高，而薯类是所有作物中气候单产上下界距离最远的。因此，从气候
单产绝对值来看，气候变化对薯类生产波动的影响可能高于大豆和油菜等
作物。

### 4.3.3 气候减产

图 4.11 从相对气候单产角度表现了气候变化对农作物生产波动的影响。
相较于图 4.10 基于气候单产绝对值的描述，从相对气候单产的角度进一步考
虑了不同农作物本身趋势单产水平，以气候单产与趋势单产的百分比反映气候
变化对生产波动的影响，更具科学性和准确性。

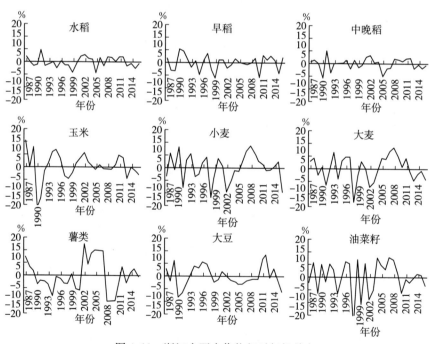

图 4.11  浙江主要农作物相对气候单产

水稻相对气候单产在 −5.71% ～ 6.39% 波动，最高值出现在 1991 年，最
低值出现在 2005 年，另一个相对气候单产低于 −5% 的年份为 1999 年；早稻
相对气候单产在 −7.99% ～ 7.07% 波动，最高值出现在 1990 年，1991 年相对

单产达 6.08%，最低值出现在 1999 年，1995 年、2010 年和 2015 年的相对气候单产也在−5%以下；中晚稻相对气候单产在−7.49%~6.84%波动，最高值出现在 1991 年，最低值出现在 1990 年，2005 年的相对气候单产也在−5%以下。

玉米相对气候单产在−21.03%~13.86%波动，波动区间较水稻大，但存在随时间逐渐变小的趋势。最高值出现在 1987 年，1989 年相对气候单产也达 10%以上，另有 5 个年份相对气候单产达 5%。最低值出现在 1990 年，1991年相对气候单产低至−10%以下，1997 年、1998 年和 2013 年相对气候单产也低于−5%。小麦相对气候单产在−15.63%~11.3%波动。最高值出现在 2008 年，1990 年相对气候单产也超过 10%，有 5 个年份相对气候单产超过 5%。最低值出现在 1998 年，低于−10%的年份还有 1991 年、2002 年和 2016年，2003 年也在−5%以下。大麦相对气候单产在−17.26%~11.01%波动。最高值出现在 2008 年，有 7 个年份相对气候单产超过 5%的年份。最低值出现在 1998 年，另有 6 个年份相对气候单产低于−5%。

薯类相对气候单产在−13.91%~16.51%波动，波动区间较其他农作物大。最高值出现在 2002 年，2004—2007 年相对气候单产也都超过了 10%。最低值出现在 2008 年，低于 10%的还有 1994 年、2008 年和 2009 年。大豆相对气候单产在−11.19%~11.36 波动，最高值出现在 2012 年，另有 4 个年份相对气候单产高于 5%。最低值出现在 1990 年，1991 年和 2016 年也在−5%以下。

油菜籽相对气候产量在−27.63%~10.43%波动，最高值出现在 2007 年，另有 9 个年份高于 5%，最低值出现在 1998 年，这是一个极端低值，其他年份的相对气候单产均在−15%以上。

对比图 4.11 和 4.10 不难发现，农作物气候单产和相对气候单产的波动趋势基本一致，但在波动范围上，尤其是不同农作物波动范围的比较上，存在明显区别。水稻（早稻、中晚稻）的相对气候单产趋势线波动较气候单产绝对值趋势线波动更为平缓，更加紧密地围绕 0 值线上下波动。然而，这种现象在其他农作物相对气候单产趋势线中并不存在，甚至截然相反，比如大豆和油菜，考虑相对气候单产后，趋势线波动幅度较图 4.10 中的气候单产趋势线更大，波动更加明显。小麦和大麦也存在类似情况，但是差距并不明显。事实上，这种差异是由农作物本身趋势单产的不同造成。水稻等农作物的趋势单产较高，一定量的气候单产冲击对这类作物单产的影响比例较低，而大豆和油菜等农作物的趋势单产较低，同样数量的气候单产冲击对其单产的影响比例较高。采用相对气候产量来表征气候变化对农作物生产波动的影响更具科学性和准确性，因此，大豆和油菜等农作物生产其实受气候变化冲击较重，而水稻（早稻、中晚稻）受冲击较轻。

基于相对气候单产结果，表4.1进一步总结了1987—2016年浙江水稻（早稻、中晚稻）、玉米、小麦、大麦、薯类、大豆和油菜籽的气候歉年数、灾年数、气候平均减产率以及减产变异系数。

表 4.1　浙江主要农作物气候减产分析

|  | 水稻 | 早稻 | 中晚稻 | 玉米 | 小麦 | 大麦 | 薯类 | 大豆 | 油菜籽 |
|---|---|---|---|---|---|---|---|---|---|
| 歉年数 | 16 | 14 | 15 | 16 | 14 | 13 | 17 | 17 | 14 |
| 灾年数 | 2 | 4 | 2 | 5 | 5 | 7 | 6 | 3 | 7 |
| 平均减产率/% | −2.48 | −3.36 | −2.36 | −4.49 | −5.93 | −5.75 | −5.95 | −3.74 | −7.17 |
| 减产变异系数 | 0.093 | 0.046 | 0.101 | 0.218 | 0.172 | 0.127 | 0.049 | 0.121 | 0.156 |

在1987—2016年这30年间，浙江主要农作物的气候歉年数在13~17年。薯类和大豆气候歉年数达17年，意味着在大部分年份中，气候条件都不利于这两种农作物生产。大麦气候歉年数最低，为13年，表明大部分年份的气候条件利于其生产。水稻（早稻、中晚稻）、玉米、小麦和油菜等作物气候歉年数在14~16年，气候条件有利的和不利的年份数基本相同。尽管大麦和油菜气候歉年数仅有13年和14年，但其中的灾年数均达7年，是所有农作物中最多的。大豆的情况与大麦和油菜相反，虽然大豆的气候灾年数在所有作物中与薯类并列第一，但其中只有3年达到灾年标准，仅多于中晚稻的2年。

从气候平均减产率来看，样本年间气候状况对小麦、大麦、薯类和油菜等作物的影响较大，平均减产率均向下越过了−5%的灾年临界线，其中，油菜籽气候平均减产率达−7.17%；水稻的气候平均减产率较低，尤其是中晚稻，减产率仅为−2.36%，是8种农作物中的最低值。玉米的气候减产变异系数最高，超过0.2，表明在气候歉年中，玉米相对气候单产的波动较其他作物更剧烈，不稳定性较高。小麦和油菜不仅气候平均减产率高，减产变异系数也达到0.15以上，仅次于玉米。早稻和薯类的气候减产变异系数最低，不足0.05，意味着这两种作物在气候歉年中的相对气候单产较为稳定，没有出现明显的波动。

综合气候歉年数、灾年数以及气候平均减产率和减产变异系数来看，水稻（早稻、中晚稻）在1987—2016年这30年内，遭遇的气候歉年和灾年次数最少，平均减产最少，玉米、小麦、大麦和油菜等旱田作物遇到的气候灾年次数较多，气候平均减产率较高，且减产变异系数也高于其他作物。这一研究结果可以在一定程度上说明，1987—2016年气候变化情况对农作物生产波动的影响存在区别，一方面是有利影响和不利影响共存，既有气候丰年，也有气候歉年甚至灾年，另一方面是不同农作物所受的影响程度不同，主要表现为对玉米、小麦、大麦和油菜等旱田作物的影响较大，相对气候产量波动较大，对以水稻（早稻、中晚稻）为代表的水田作物影响较小，对生产波动的影响有限。

## 4.4  本章小结

本章基于《浙江统计年鉴》提供的 1987—2016 年浙江水稻（早稻、中晚稻）、玉米、小麦、大麦、薯类、大豆和油菜的种植面积、产量以及单产数据，首先介绍了浙江 1987—2016 年主要农作物的生产变化情况，然后采用 H－P 滤波法分解这些农作物的单产，得到受农业生产技术进步和社会经济发展影响的趋势单产，以及受气候波动等因素冲击影响而成的气候单产，并在此基础上，运用相对气候产量、气候平均减产率以及减产变异系数等减产分析指标，进一步分析了气候变化对农作物产量波动的影响。

总体来看，虽然浙江农作物种植面积在 21 世纪初明显锐减，但浙江主要农作物单产水平仍在波动中不断上升。在 1987—2016 年这 30 年间，早稻和中晚稻单产的增幅分别达 14.2％和 31.8％，玉米和小麦单产更是都提高了 50％左右，其他农作物的增产幅度也在 16％以上。单产水平的提高在一定程度上弥补了种植面积减少导致的产量下降。

从产量分解结果来看，浙江主要农作物趋势单产在 1987—2016 年呈现不同程度的上升趋势，但不同作物增产幅度存在一定差异。其中，水稻（中晚稻）和玉米的趋势产量线最"陡峭"，是样本期间内增产最明显的作物品种。除了玉米、小麦和大麦的趋势单产线以外，中晚稻、油菜籽等趋势单产的增长也在样本期间后期出现一定程度上的放缓迹象，这意味着农作物单产不可能无限上升，在当前技术条件水平下，农作物增产潜力和空间可能在缩小，如果农业生产技术没有较大突破，增长将变得越来越困难。因此，积极应对农作物面临的减产风险，比如气候变化影响，可能是保证农作物继续增产稳产的有效途径之一。

气候单产方面，大豆和油菜籽气候单产的波动范围最小，水稻（早稻、中晚稻）气候单产的波动范围略大于大豆和油菜籽，玉米、小麦和大麦波动范围相对较大，而薯类是所有作物中气候单产上下界距离最远的。因此，从气候单产绝对值来看，由气候变化导致的薯类生产波动要大于大豆和油菜等作物。进一步考虑相对气候单产，并综合气候歉年数、灾年数以及气候平均减产率和减产变异系数来看，在 1987—2016 年这 30 年间，水稻（早稻、中晚稻）遭遇的气候歉年和灾年次数最少，平均减产最少，玉米、小麦、大麦和油菜等旱田作物遭遇的气候灾年次数较多,气候平均减产率较高,减产变异系数也高于其他作物。这一结果表明,气候变化对农作物生产波动的影响存在区别,一方面是有利影响和不利影响共存,既有气候丰年,也有气候歉年甚至灾年;另一方面是不同农作物受影响的程度不同,主要表现为对玉米、小麦、大麦和油菜等旱田作物的影响较大,对以水稻(早稻、中晚稻)为代表的水田作物影响较小。

# CHAPTER 5

# 气候变化对农作物生产的影响研究：基于边际影响视角

本章基于 1996—2015 年浙江县级农业生产和气象面板数据，实证研究了气温、降水和日照等气候要素变化对浙江早稻、中晚稻、玉米、小麦、大麦、薯类、大豆和油菜 8 种主要农作物单产的影响。本章内容安排如下：5.1 具体介绍了本章的实证策略与方法，包括空间相关性检验、空间误差面板模型的构建；5.2 介绍了实证模型中具体的变量设置、数据来源以及描述性统计；5.3 报告了本章实证结果，包括浙江主要农作物生产的县域空间相关性 Moran's $I$ 指数，气候变化对不同农作物单产的边际影响程度，并进一步讨论了农作物自然适应与农业生产人为适应的影响；5.4 为本章小结。

## 5.1 实证策略

### 5.1.1 空间相关性检验

考虑到地理上邻近的地区可能在气候条件、耕作方式、经济发展情况等方面存在关联性，相近的地区具有变量取值类似的特性，因此在进行气候—单产实证之前，有必要验证各地区农作物生产水平的空间相关性，即空间自相关 (Spatial Autocorrelation)。在现有的空间经济学文献中，度量空间相关性的指标主要有 Moran's $I$ 指数（Moran，1950）和 Geary's C 指数（Geary，1954）。相较之下，前者的样本正态性假设条件更宽松，在实证研究中应用更广泛。因此，本书采用 Moran's $I$ 指数检验浙江省各地区农作物生产的空间相关性。Moran's $I$ 指数的表达式和检验原理如下：

$$I = \frac{\sum_{i=1}^{n}\sum_{j=1}^{n} w_{ij}(x_i \bar{x})(x_j \bar{x})}{S^2 \sum_{i=1}^{n}\sum_{j=1}^{n} w_{ij}} \qquad (5-1)$$

其中，$S^2$ 为样本方差，$w_{ij}$ 为样本空间权重矩阵中位于第 $i$ 行、第 $j$ 列的元素。在农业经济研究中，空间权重矩阵一般定义为元素是 0 和 1 的空间邻接矩阵（陆文聪等，2007；陈帅等，2016），即：若地区 $i$ 与地区 $j$ 相邻，则 $w_{ij}$ ＝1，若不相邻则 $w_{ij}$ ＝0。本书进一步将"0－1"空间邻接矩阵"行标准化"，即：若地区 $i$ 与地区 $j_1$，$j_2$，……$j_k$ （1＜$k$＜$n$）相邻，则 $w_{ij}$ ＝1/$k$，因此"行标准化"后的空间邻接矩阵包含了每一地区的邻接地区个数信息。此时，$\sum_{i=1}^{n} \sum_{j=1}^{n} w_{ij} = n$，Moran's $I$ 指数可写作：

$$I = \frac{\sum_{i=1}^{n} \sum_{j=1}^{n} w_{ij} (x_i \overline{x})(x_j - \overline{x})}{\sum_{i=1}^{n} (x_i \overline{x})^2} \quad (5-2)$$

Moran's $I$ 指数取值范围为－1～1，Moran's $I$ 指数大于 0 时，表明地区间的观察值呈空间正相关性，且数值越高，正相关性越强；Moran's $I$ 指数小于 0 时，表明地区间的观察值呈空间负相关性，且绝对数值越高，负相关性越强；Moran's $I$ 指数等于 0 时，表明地区间的观察值互相独立，不存在空间相关性。

现有原假设地区 $i$ 和地区 $j$ 的观测值不存在空间相关性，即 H0：Cov $(x_i, x_j)$ ＝0，$(i \neq j)$。Moran's $I$ 指数期望值和方差为：

$$E(I) = \frac{-1}{n-1} \quad (5-3)$$

$$\mathrm{var}(I) = \frac{n^2 w_1 - n w_2 + 3 w_0^2}{w_0^2 (n^2 - 1)} \quad (5-4)$$

其中，$w_0 = \sum_{i=1}^{n} \sum_{j=1}^{n} w_{ij}$；$w_1 = \frac{1}{2} \sum_{i=1}^{n} \sum_{j=1}^{n} (w_{ij} + w_{ji})^2$；$w_2 = \sum_{i=1}^{n} (w_i + w_j)^2$。可构成以下服从标准正态分布的 $Z$ 统计量：

$$Z = \frac{I - E(I)}{\sqrt{\mathrm{var}(I)}} \to N(0,1) \quad (5-5)$$

$Z$ 统计值可以用来判断指数的显著性，即地区 $i$ 和地区 $j$ 某变量之间的空间相关性。

## 5.1.2 空间误差面板模型

农作物单产水平通常被认为是一个包含生产要素投入集合与环境气候要素集合的生产函数，其表达式如下：

$$y_{i,k,t} = y(X_{i,k,t}, C_{i,k,t}) \quad (5-6)$$

其中，$y_{i,k,t}$ 表示地区 $i$ 第 $k$ 种农作物在 $t$ 年的单产水平；$X_{i,k,t}$ 表示地区 $i$ 在 $t$ 年种植第 $k$ 种农作物时的一组生产要素投入向量，包括化肥、种子、机械动力、灌溉用水等；$C_{i,k,t}$ 表示一组当期环境气候要素向量，主要包括气温、降水量和日照时长这三大主要气候要素。实证研究通常根据 C-D 生产函数思想，将式（5-6）线性化表达：

$$y_{i,k,t} = \alpha + \beta X_{i,k,t} + \gamma C_{i,k,t} + \delta_i + \lambda_t + \varepsilon_{i,k,t} \qquad (5-7)$$

其中，$\beta$ 表示农作物单产对环境气候要素的偏导数向量，表征在控制其他因素影响的条件下，各气候要素对农作物单产的边际影响，估计 $\beta$ 值是此类研究的核心工作；$\gamma$ 用于表征其他常规投入要素对农作物单产的边际影响；$\delta_i$ 为地区固定效用，用以控制各地区无法观测且不随时间趋势改变的因素，如地形地貌条件、土壤类型品质等；$\lambda_t$ 为时间固定效应，用以控制可能随时间改变且各地区之间差异不大的因素，如覆盖全部地区的相关农业政策、农业技术进步等；$\varepsilon_{i,k,t}$ 为残差项，包含了式（5-7）无法捕捉到的未知遗漏变量。

若各地区农作物生产存在无法直接观测的空间相关性，由式（5-7）中的残差项捕捉，假设地区 $i$ 和地区 $j$ 相邻，则有：

$$\varepsilon_{i,k,t} = \rho \sum W_{i,j} \varepsilon_{j,k,t} + \eta_{i,k,t} \qquad (5-8)$$

其中，$W_{i,j}$ 为空间权重矩阵，$\rho$ 为相邻地区 $i$ 与 $j$ 之间的空间相关系数，用以表示第 $k$ 种农作物的空间相关性；$\eta_{i,k,t}$ 为剥离空间相关性后的真实残差项。

式（5-7）和式（5-8）构成典型的空间误差模型表达式。在计量经济学中，空间误差模型具有可以在一定程度上修正或减小遗漏变量偏误的优点，因为如果遗漏变量具有相似空间特征，那么该遗漏变量可以在相邻地区的残差项 $\varepsilon_{j,k,t}$ 中得到反映，并用于解释该地区农作物单产水平。因此，对式（5-8）估计得到的参数值，要较仅用式（5-7）得到的结果更准确。本书拟采用空间计量技术和浙江县级面板数据来估计式（5-8）中的 $\beta$，以期得到较为准确的气候要素对农作物单产水平的影响。

## 5.1.3 考虑适应性的模型

按适应主体来划分，农业生产对气候变化的适应可以分为两方面：其一，自然适应（或农作物适应），即农作物本身对气候状态的适应，自然适应是较为缓慢的长时间自然过程，无法直接观测；其二，人为适应（或投入适应），即农户观测到农作物产量受损后，自发地增加生产要素投入的过程，该适应较自然适应快，在一定程度上可以通过控制投入量要素来观测并得到。而在气候变化对农业生产影响的长时间面板实证估计中，农业本身在长期内对气候变化的适应往往会被忽略。一般来说，农业对气候变化的适应会在一定程度上抵消气候变化带来的不利影响，实证研究中得出的气候要素对农作物单产水平的边际影响通常会被低估，而实际的影响可能更严重。因此，忽略农业对气候变化的适应不会对研究结论造成严重影响，反而能在理论层面佐证气候变化给农业生产带来的负面影响。尽管如此，在实证研究中考虑农业对气候变化的适应对进一步了解气候变化于农业生产之间的关系仍然具有重要意义。

针对如式（5-7）这样的面板模型缺少气候适应性讨论的问题，Dell 等（2014）认为可以在解释变量中增加每个时期气候变量与全样本气候变量平均值的交乘项，用以反映农作物本身对气候变化的自然适应。Zhou 和 Turvey（2014）则给出了另一种思路，他们假定农户会为了应对气候变化而改变投入要素数量，于是将气候变量和其他投入变量的交叉项导入模型，用以表征人为气候适应。本书借鉴他们的研究思路和实证方法，将空间误差面板模型改进为考虑适应性的模型：

$$y_{i,k,t} = \alpha + \beta X_{i,k,t} + \gamma C_{i,k,t} + \gamma_0 \bar{C} C_{i,k,t} + \delta_i + \lambda_t + \varepsilon_{i,k,t}$$

$$(5-9)$$

$$y_{i,k,t} = \alpha + \beta X_{i,k,t} + \gamma C_{i,k,t} + \beta_0 X_{i,k,t} C_{i,k,t} + \delta_i + \lambda_t + \varepsilon_{i,k,t}$$

$$(5-10)$$

其中，$\bar{C}$ 为样本区间内的平均气候状态向量，$\gamma_0$ 是自然适应交叉项系数，$\beta_0$ 是人为适应交叉项系数。

# 5.2 变量与数据

## 5.2.1 变量设置

### (1) 气候变量

全球气候变化最明显的特征是气温升高，本书第 3 章中也已说明，1987—2016 年浙江气温有较为明显的升高趋势。在现有相关文献中，农作物生长期内的平均气温或有效积温通常作为气温要素变量进入实证方程。其中，有效积温综合考虑了平均气温和生物学零度（生长发育下界温度）两方面因素，是农作物生长期内有效温度的总和，因此本书采用有效积温指标作为气候要素变量，其计算表达式如下：

$$H_k = \sum_{i=1}^{n} (T_i - Z_k) \qquad (5-11)$$

其中，$H_k$ 表示作物 $k$ 的有效积温，$n$ 表示作物 $k$ 的生长期日数，$T_i$ 为生长期内第 $i$ 日的平均气温，$Z_k$ 为作物 $k$ 的生物学零度。如果 $T_i$ 小于 $Z_k$，则将当日有效积温记为 0℃。在亚热带地区，农作物生物学零度一般为 10℃。水稻喜温，生物学零度一般为 12℃；小麦、大麦和油菜等越冬作物一般为 5℃。表 5.1 给出了浙江省主要农作物的大致生长期和生物学零度。

表 5.1 浙江主要农作物生长期和生物学零度

| 项目 | 早稻 | 中晚稻 | 玉米 | 小麦 | 大麦 | 薯类 | 大豆 | 油菜 |
|------|------|--------|------|------|------|------|------|------|
| 生长期 | 4月下至7月上 | 6月下至10月中 | 6—10月 | 10月至翌年5月 | 10月至翌年5月 | 6—10月 | 6—10月 | 10月至翌年5月 |
| 生物学零度/℃ | 12 | 12 | 10 | 5 | 5 | 10 | 10 | 5 |

资料来源：作者根据《农学概论》（徐文修，中国农业大学出版社，2018）整理。

此外，考虑到气温和农作物单产可能存在的非线性关系，将有效积温的二次项也纳入气候要素变量。降水和日照同样是影响农作物生长发育的重要因素，本书将农作物生长期内的降水总量和日照总时长指标，以及它们的二次项，作为另外两个气候要素变量进入实证方程。

**（2）极端气候变量**

本书考虑 3 个极端气候变量。第一，极端高温（热害）：农作物生长期内日最高气温超过 40℃ 的天数。气温达 40℃ 以上时，大部分农作物的光合作用等生命活动停止，生长发育受到严重影响。第二，极端低温（冻害）：农作物生长期内日最低气温低于 0℃ 的天数。气温低于 0℃ 时，农作物呼吸作用减弱，且内部以及土壤中的水分容易凝结冰冻，影响农作物生长发育。第三，极端降水（暴雨）：农作物生长期内日降水量达中国气象局规定的暴雨标准（＞50 毫米）的天数。短时间内高强度的降水易使农作物倒伏，且土壤环境在暴雨冲刷中会被改变。

在现有文献中，极端高温（低温）通常用热浪（冻害）频次表示，即农作物生长期内连续 3 天及以上日最高低温达 40℃（日最低气温低于 0℃）的次数。本书直接以天数表征极端高温（低温）的原因是：用热浪（冻害）频次表征极端气温事件可能不准确，比如连续 3 天和连续 10 天日最高气温超过 40℃ 的事件均作为 1 次热浪进入估计方程，但对于农作物生产来说，这两种情况造成的影响存在差异；再比如，连续 7 天日最低气温低于 0℃ 的事件被记作 1 次冻害事件进入估计方程，7 天内发生两次连续 3 天日最低气温低于 0℃ 的事件缺被记作两次冻害事件，但事实上，这两种情况对农作物生长影响程度的差异可能不大。

**（3）其他变量**

本书中的农业投入变量包括化肥施用量、机械总动力以及有效灌溉比例等。其中，化肥施用量和机械总动力投入均为亩均变量，分别由全县（自治县、区、市）化肥施用总量和农业机械总动力除以该县（自治县、区、市）农作物播种面积得到，表示该县（自治县、区、市）单位面积内生产要素投入情况；有效灌溉为有效灌溉面积占农作物播种面积的比例值，用以代表该县（自治县、区、市）的农业灌溉水平。除此之外，本书还用各县（自治县、区、市）消除通胀因素影响后的人均GDP与亩均农业GDP两个指标代表当地经济发展和农业发展水平。

## 5.2.2　数据来源

本书气候变量数据来自中国气象数据网提供的浙江17个典型地面气象观测站台、1996—2015年逐日气象观测资料；其他变量数据主要来自1997—2016年《浙江统计年鉴》中的县域主要经济指标条目和11个地级市统计年鉴中分县、区的统计指标。

## 5.2.3　描述性统计

浙江8种主要农作物生长期气候变量和其他投入变量的描述性统计见表5.2。考虑到不同农作物数据的可得性，不同农作物的样本县个数存在差异。其中，舟山地区未进入本章研究样本，丽水地区未进入早稻、小麦、大麦和玉米研究样本，温州地区不进入小麦研究样本，宁波地区不进入玉米研究样本。

表 5.2　样本描述性统计

| 变量 | 早稻 | 中晚稻 | 小麦 | 大麦 | 玉米 | 薯类 | 大豆 | 油菜籽 |
|---|---|---|---|---|---|---|---|---|
| 单产/（千克/亩） | 385.56 | 457.13 | 210.42 | 216.95 | 297.09 | 377.27 | 163.83 | 130.07 |
| 平均气温/℃ | 22.913 | 25.429 | 13.105 | 12.903 | 25.283 | 25.429 | 25.429 | 13.289 |
| 有效积温/100℃ | 13.273 | 20.382 | 20.352 | 19.971 | 23.362 | 23.601 | 23.601 | 20.762 |
| 降水量/100毫米 | 6.302 | 7.354 | 7.790 | 7.790 | 7.313 | 7.354 | 7.354 | 7.772 |
| 日照时数/100小时 | 6.612 | 9.376 | 10.921 | 10.981 | 9.671 | 9.376 | 9.376 | 10.653 |
| 极端高温/天 | 0.181 | 0.723 | 0 | 0 | 0.452 | 0.723 | 0.723 | 0 |
| 极端低温/天 | 0 | 0 | 10.799 | 19.432 | 0 | 0 | 0 | 16.357 |
| 极端降水/天 | 2.273 | 2.966 | 1.032 | 1.020 | 2.998 | 2.966 | 2.966 | 1.105 |
| 样本县数/个 | 61 | 70 | 61 | 52 | 54 | 70 | 70 | 70 |
| 机械动力/（千瓦/亩） | 0.632 | 0.591 | 0.632 | 0.518 | 0.638 | 0.591 | 0.591 | 0.591 |
| 化肥用量/（千克/亩） | 23.077 | 22.589 | 23.077 | 21.723 | 23.146 | 22.589 | 22.589 | 22.589 |
| 有效灌溉/% | 56.619 | 55.510 | 56.619 | 55.368 | 57.474 | 55.510 | 55.510 | 55.510 |
| 人均GDP/万元 | 2.888 | 2.696 | 2.888 | 3.075 | 2.724 | 2.696 | 2.696 | 2.696 |
| 农业产值/（万元/亩） | 11.891 | 10.997 | 11.891 | 13.050 | 11.154 | 10.997 | 10.997 | 10.997 |

从生长期有效积温来看，玉米、薯类和大豆样本地区稍高于中晚稻样本地区（玉米、薯类、大豆和中晚稻同为秋收作物）；小麦、油菜样本地区高于大麦样本地区；早稻生长期短，因此其样本地区有效积温明显低于中晚稻地区，单产水平也有一定差距。从极端天气指标看，中晚稻、薯类和大豆样本地区的极端高温天数多于玉米样本地区，大麦样本地区的极端低温天数最多，另外，秋收作物（中晚稻、玉米、薯类和大豆）样本地区平均每年经历接近3天的生长期极端降水，而越冬作物（小麦、大麦和油菜）样本地区平均每年出现1天极端降水。在生长期日照时数、降水量和其他生产投入变量中，由于各农作物样本地区高度重合，同生长期农作物的各项县级面板均值指标差距不大。

## 5.3 结果及讨论

### 5.3.1 空间相关性：Moran's $I$ 指数

根据 5.1.1 节相关内容，本书计算得到 1996—2015 年浙江 8 种主要农作物单产水平的 Moran's $I$ 指数（表 5.3）。总体来看，1996—2015 年浙江省 8 种主要农作物单产水平的 Moran's $I$ 指数均为正数，而且绝大多数年份的指数值通过了 1% 水平的显著性检验，这表明浙江 8 种主要农作物单产水平均存在比较明显的县域空间相关性。

**表 5.3　浙江主要农作物单产空间相关性**

| 年份 | 早稻 | 中晚稻 | 小麦 | 大麦 | 玉米 | 薯类 | 大豆 | 油菜籽 |
|---|---|---|---|---|---|---|---|---|
| 1996 | 0.620*** | 0.468*** | 0.621*** | 0.534*** | 0.437*** | 0.232*** | 0.268*** | 0.650*** |
| 1997 | 0.446*** | 0.473*** | 0.553*** | 0.408*** | 0.353*** | 0.252*** | 0.253*** | 0.614*** |
| 1998 | 0.673*** | 0.489*** | 0.259*** | 0.129 | 0.495*** | 0.443*** | 0.241*** | 0.023 |
| 1999 | 0.694*** | 0.460*** | 0.613*** | 0.480*** | 0.478*** | 0.410*** | 0.340*** | 0.017 |
| 2000 | 0.442*** | 0.612*** | 0.451*** | 0.515*** | 0.373*** | 0.314*** | 0.286*** | 0.019 |
| 2001 | 0.522*** | 0.561*** | 0.614*** | 0.536*** | 0.406*** | 0.370*** | 0.289*** | 0.412*** |
| 2002 | 0.469*** | 0.665*** | 0.560*** | 0.270** | 0.336*** | 0.371*** | 0.282*** | 0.170** |
| 2003 | 0.523*** | 0.507*** | 0.606*** | 0.342*** | 0.462*** | 0.416*** | 0.359*** | 0.020 |
| 2004 | 0.455*** | 0.684*** | 0.579*** | 0.342*** | 0.386*** | 0.426*** | 0.437*** | 0.048 |
| 2005 | 0.631*** | 0.621*** | 0.494*** | 0.350*** | 0.375*** | 0.394*** | 0.476*** | 0.577*** |
| 2006 | 0.526*** | 0.735*** | 0.565*** | 0.372*** | 0.320*** | 0.412*** | 0.437*** | 0.427*** |
| 2007 | 0.374*** | 0.718*** | 0.539*** | 0.435*** | 0.381*** | 0.391*** | 0.464*** | 0.479*** |
| 2008 | 0.256 | 0.644*** | 0.620*** | 0.502*** | 0.285*** | 0.438*** | 0.386*** | 0.211** |
| 2009 | 0.385*** | 0.549*** | 0.645*** | 0.466*** | 0.413*** | 0.350*** | 0.438*** | 0.185** |

（续）

| 年份 | 早稻 | 中晚稻 | 小麦 | 大麦 | 玉米 | 薯类 | 大豆 | 油菜籽 |
|---|---|---|---|---|---|---|---|---|
| 2010 | 0.520*** | 0.327*** | 0.653*** | 0.519*** | 0.380*** | 0.354*** | 0.462*** | 0.326*** |
| 2011 | 0.581*** | 0.532*** | 0.528*** | 0.408*** | 0.406*** | 0.295*** | 0.429*** | 0.358*** |
| 2012 | 0.597*** | 0.560*** | 0.601*** | 0.434*** | 0.327*** | 0.309*** | 0.519*** | 0.231*** |
| 2013 | 0.494*** | 0.432*** | 0.642*** | 0.437*** | 0.358*** | 0.408*** | 0.586*** | 0.068 |
| 2014 | 0.303*** | 0.526*** | 0.624*** | 0.407*** | 0.060 | 0.121* | 0.121 | 0.596*** |
| 2015 | 0.531*** | 0.603*** | 0.678*** | 0.508** | 0.177* | 0.296*** | 0.549*** | 0.346*** |
| 平均 | 0.502 | 0.558 | 0.572 | 0.416 | 0.366 | 0.350 | 0.381 | 0.289 |
| 1996—2000 | 0.575 | 0.500 | 0.499 | 0.418 | 0.427 | 0.330 | 0.278 | 0.265 |
| 2001—2005 | 0.520 | 0.608 | 0.571 | 0.368 | 0.393 | 0.395 | 0.369 | 0.245 |
| 2006—2010 | 0.412 | 0.595 | 0.604 | 0.439 | 0.356 | 0.389 | 0.437 | 0.326 |
| 2011—2015 | 0.501 | 0.531 | 0.615 | 0.439 | 0.288 | 0.286 | 0.441 | 0.320 |

注：*、** 和 *** 分别表示通过 10%、5% 和 1% 的显著性水平检验。

从 1996—2015 年 Moran's $I$ 指数平均值来看，早稻、中晚稻和小麦单产水平的空间相关性较高，分别达 0.502、0.558 和 0.572，油菜籽单产水平的空间相关性最低，为 0.289。从 Moran's $I$ 指数变动趋势来看（本书将 1996—2015 年平均分成 4 个时间段，Moran's $I$ 指数作 5 年平均计算），可以发现不同农作物空间相关性的变化存在差异：小麦和大豆单产水平的空间相关性逐渐升高，分别从 1996—2000 年的 0.499 和 0.278，增至 2011—2015 年的 0.615 和 0.411；玉米单产水平的空间相关性逐渐降低，从 1996—2000 年的 0.427 降至 2011—2015 年的 0.288；大麦和油菜籽单产水平的空间相关性呈现前 10 年低于后 10 年的态势，早稻则相反；中晚稻单产水平空间相关性在 2001—2010 年较高，其中，2006 年和 2007 年连续 2 年 Moran's $I$ 指数达 0.7 以上。

## 5.3.2 空间误差面板回归结果

由上节可知，浙江 8 种主要农作物单产水平均存在比较明显的空间相关性，因此在分析气候变化对农作物单产影响的过程中，有必要考虑空间相关性因素，即采用式（5-7）和式（5-8）进行空间面板误差模型实证估计。在分析面板数据之前，对浙江 8 种农作物的面板数据分别进行面板固定效应检验（表 5.4），结果发现，无论采用传统的 Hausman 检验还是考虑稳健标准误的 Sargan-Hansen 检验（陈强，2014），检验结果均拒绝了面板数据采用随机效应估计的原假设，这表明在所有农作物面板实证估计中，采用固定效应分析优于采用随机效应分析。

表 5.4　面板模型固定效应检验

| 项目 | 早稻 | 晚稻 | 小麦 | 大麦 | 玉米 | 薯类 | 大豆 | 油菜籽 |
|---|---|---|---|---|---|---|---|---|
| Hausman | 48.28 | 131.86 | 71.37 | 62.85 | 22.08 | 54.62 | 25.99 | 33.73 |
| P 值 | 0 | 0 | 0 | 0 | 0 | 0 | 0 | 0 |
| Sargan-Hansen | 114.874 | 586.299 | 583.378 | 1 508.207 | 69.482 | 68.548 | 75.5 | 78.023 |
| P 值 | 0 | 0 | 0 | 0 | 0 | 0 | 0 | 0 |

利用 Stata15 经济计量分析软件，分别对浙江 8 种主要农作物的面板数据进行固定效应空间误差回归分析。

**（1）水稻**

气候变化对浙江早稻和中晚稻单产影响的实证估计结果见表 5.5，其中，（1）列和（4）列为基准回归结果，自变量仅考虑生长期有效积温、降水量和日照时数以及极端天气天数，由于水稻为非越冬农作物，因此极端天气只包含极端高温和极端降水，基准回归考查的是气候要素与水稻单产间的线性关系；（2）列和（5）列在基准回归基础上添加了气候要素的平方项，考虑了其与水稻单产间的非线性关系；（3）列和（6）列则进一步控制了非气候变量的影响。

表 5.5　气候变化对浙江水稻作物单产的影响

| 变量 | 早稻 | | | 中晚稻 | | |
|---|---|---|---|---|---|---|
| | （1） | （2） | （3） | （4） | （5） | （6） |
| 积温 | 13.92*** | 18.11*** | 16.90*** | 11.22* | 14.46*** | 11.90* |
| | (4.96) | (6.02) | (3.63) | (1.87) | (5.50) | (1.86) |
| 降水 | −6.581*** | −5.858** | −4.467*** | −5.444*** | −6.107** | −4.706*** |
| | (−5.89) | (−2.24) | (−2.96) | (−5.76) | (−2.08) | (−2.60) |
| 日照 | 0.560 | 0.802 | 0.581 | 0.552 | 0.893 | 0.644 |
| | (1.04) | (1.09) | (0.50) | (1.00) | (0.68) | (0.66) |
| 极端气温 | −17.48*** | −19.77** | −15.14*** | −12.69*** | −10.71** | −11.66** |
| | (−2.60) | (−2.14) | (−2.98) | (−3.58) | (−2.12) | (−2.35) |
| 极端降水 | −3.378*** | −3.677*** | −3.244*** | −5.948*** | −5.225*** | −4.770*** |
| | (−3.04) | (−3.35) | (−3.05) | (−5.56) | (−4.84) | (−4.76) |
| 积温平方 | | −0.530*** | −0.480*** | | −0.300*** | −0.240* |

（续）

| 变量 | 早稻 | | | 中晚稻 | | |
|---|---|---|---|---|---|---|
| | (1) | (2) | (3) | (4) | (5) | (6) |
| | | (−7.68) | (−4.71) | | (−6.36) | (−1.74) |
| 降水平方 | | −0.483 | −0.642 | | −0.517*** | −0.541*** |
| | | (−0.17) | (−0.45) | | (−3.7) | (−3.52) |
| 日照平方 | | −0.053 | −0.039 | | −0.051 | −0.033 |
| | | (−1.35) | (−1.14) | | (−1.49) | (−0.61) |
| 机械动力 | | | 0.688 | | | 0.583 |
| | | | (0.51) | | | (0.39) |
| 化肥 | | | 0.032 9 | | | 0.040 3 |
| | | | (0.90) | | | (0.99) |
| 有效灌溉 | | | 0.040 9 | | | 0.048 2 |
| | | | (0.63) | | | (0.67) |
| 人均 GDP | | | 5.14*** | | | 9.45*** |
| | | | (6.72) | | | (3.11) |
| 农业产值 | | | 0.256 | | | 0.259 |
| | | | (1.25) | | | (1.14) |
| 样本量 | 1 220 | 1 220 | 1 220 | 1 400 | 1 400 | 1 400 |
| 调整后 $R^2$ | 0.158 | 0.176 | 0.193 | 0.134 | 0.185 | 0.219 |
| $F$ 统计量 | 14.15 | 20.72 | 21.01 | 9.318 | 15.32 | 28.38 |

注：*、** 和 *** 分别表示通过 10%、5% 和 1% 的显著性水平检验。

从积温系数来看，生长期有效积温的一次项和二次项系数均通过了 1% 或 10% 的显著性水平检验，表明生长期有效积温对浙江水稻单产水平有显著影响。在早稻基准回归中，生长期有效积温一次项系数为 13.92，表明生长期有效积温每上升 100℃，早稻单产上升 13.92 千克/亩，考虑非线性影响后，生长期有效积温对早稻单产的边际影响变成 17.05 千克/亩，控制了非气候变量后，该值下降到 15.94 千克/亩[①]。根据早稻平均生长期天数和平均单产水平大致计算，平均气温每上升 1℃，控制其他条件不变，早稻将增产 3.61% ～ 4.42%。在中晚稻基准回归中，生长期有效积温一次项系数为 11.22，表明生长期有效积温每上升 100℃，中晚稻单产上升 11.22 千克/亩，考虑非线性影响后变成 13.86 千克/亩，控制了非气候变量后，该值下降到 11.42 千克/亩。

---

① 边际影响计算方法参考崔静等（2011）。

根据中晚稻平均生长期天数和平均单产水平大致计算，平均气温每上升1℃，控制其他条件不变，中晚稻增产2.95%～3.64%。总体来看，气温升高有利于水稻作物增产，但这并不意味着生长期积温上升会一直促进水稻单产水平提升，从回归结果中可以进一步发现，生长期有效积温一次项系数为负，二次项系数为正，表明有效积温对浙江水稻单产水平的影响曲线呈先上升、后下降的倒"U"形。若有效积温水平位于倒"U"形曲线顶点或最优点左侧，则单产水平可以随着有效积温上升而增加。可能出现水稻生长期有效积温最优点的区间，可以根据回归（2）和（3）以及（5）和（6）中有效积温的一次项和二次项系数计算得到：早稻生长期有效积温最优可能区间为1 708.5～1 760.4℃，中晚稻为2 410～2 479.2℃。早稻和中晚稻生长期有效积温的平均值分别为1 327.3℃和2 038.2℃，均位于计算所得的最优可能区间内，这表明1996—2015年有效积温值未达最优点，短期内的气候变暖可能有利于浙江水稻作物增产。

从降水系数来看，生长期降水量一次项和二次项系数基本通过了1%或10%的显著性水平检验，且符号为负，表明生长期降水量对水稻作物单产有显著的负面影响。在早稻基准回归中，生长期降水量一次项系数为-6.581，表明生长期降水量每增加100毫米，早稻单产下降6.581千克/亩，考虑非线性影响后，生长期降水量对早稻单产的边际影响变成-6.551千克/亩，控制非气候因素后，该值降为-5.751千克/亩。根据早稻平均单产水平计算，生长期降水量每增加100毫米，早稻单产下降1.49%～1.71%。在中晚稻基准回归中，生长期降水量一次项系数为-5.444，表明生长期降水量每增加100毫米，中晚稻单产将降低5.444千克/亩，考虑非线性影响后，生长期降水量对早稻单产的边际影响扩大到-7.141千克/亩，控制非气候因素后，该值变成-5.788千克/亩。根据中晚稻平均单产水平计算，生长期降水量每增加100毫米，中晚稻单产下降1.20%～1.56%。从日照系数来看，生长期日照时长一次项和二次项系数均没有通过10%的显著性水平检验，而且系数值较低，一次项系数值均在1以下，二次项系数均在0.1以下，这可能意味着日照时长的变化对浙江水稻作物单产的影响不明显。

从回归结果中还可发现，极端高温和极端降水对浙江水稻单产的影响都非常明显，所有系数均为负值，且都通过了5%或1%的显著性水平检验。极端高温天数每增加1天，浙江早稻减产15.14～19.77千克/亩，中晚稻减产10.71～12.69千克/亩，按照极端高温天数平均值来计算，浙江早稻平均每年因极端高温减产0.71%～0.93%，中晚稻减产1.69%～2.01%；极端降水天数每增加1天，浙江早稻减产3.244～3.677千克/亩，中晚稻减产4.770～5.948千克/亩，按照平均极端降水天数来计算，浙江早稻平均每年因极端降水减产 1.91%~2.17%，中晚稻减产 3.10%~3.87%。总体来看，极端降水对水稻单产的影响大于极端高温的影响，极端高温和极端降水对中晚稻的影响大于对早稻的影响。

回归（3）和（6）控制了机械动力、化肥用量和有效灌溉比例等农业生产投入和人均 GDP、亩均农业产值等发展水平变量，虽然变量系数为正，但除人均 GDP 外，其余变量系数均未通过 10% 的显著性水平检验，造成这一现象的原因可能是这些生产投入变量以及亩均农业产值均为县级农业综合指标，而非水稻生产投入指标。由于本书的关注焦点在气候要素变量，因此不再深入探讨这些非气候变量。控制非气候变量后，生长期有效积温对早稻和中晚稻的增产效应以及生长期降水量的减产效应均有所下降，这在一定程度上意味着人为非气候投入要素的使用或调整，可以起减缓气候变化影响的作用。

**（2）麦类**

气候变化对浙江小麦和大麦单产影响的实证估计结果见表5.6，（1）列和（4）列为基准回归结果，由于小麦和大麦均为越冬农作物，因此极端气温指标是大麦和小麦生长期中的极端低温天数。（2）列和（5）列在基准回归基础上添加了气候要素的平方项，考虑了其与水稻单产的非线性关系；（3）列和（6）列则进一步控制了非气候变量的影响。

表 5.6　气候变化对浙江麦类作物单产的影响

| 变量 | 小麦 | | | 大麦 | | |
|---|---|---|---|---|---|---|
| | （1） | （2） | （3） | （4） | （5） | （6） |
| 积温 | 2.70*** | 3.29*** | 2.86* | 0.434 | 1.34 | 1.47 |
| | (2.93) | (3.32) | (1.93) | (0.39) | (1.11) | (1.26) |
| 降水 | 0.974* | 1.109*** | 1.103* | 0.817* | 1.239*** | 0.886*** |
| | (1.75) | (4.36) | (1.88) | (1.90) | (4.60) | (3.44) |
| 日照 | 0.361 | 1.125* | 1.050 | 0.19 | 1.148 | 1.25 |
| | (0.95) | (1.71) | (1.09) | (1.53) | (0.87) | (0.20) |
| 极端气温 | −0.354** | −0.539*** | −0.454** | −0.473** | −0.466** | −0.426** |
| | (−1.98) | (−2.88) | (−2.16) | (−2.41) | (−2.34) | (−2.66) |
| 极端降水 | −3.282*** | −3.428*** | −2.050** | −3.652*** | −3.389*** | −2.928** |
| | (−3.32) | (−3.43) | (−2.23) | (−2.95) | (−2.74) | (−2.58) |
| 积温平方 | | −0.072 5*** | −0.052 4 | | −0.031 4 | −0.033 4 |
| | | (−3.02) | (−1.08) | | (−1.04) | (−1.15) |
| 降水平方 | | −0.056*** | −0.066** | | −0.066*** | −0.042*** |

（续）

| 变量 | 小麦 | | | 大麦 | | |
|---|---|---|---|---|---|---|
| | (1) | (2) | (3) | (4) | (5) | (6) |
| | | (−3.83) | (1.96) | | (−4.29) | (−2.86) |
| 日照平方 | | 0.168 | 0.105* | | 0.071 | 0.065 |
| | | (1.39) | (1.94) | | (0.71) | (0.14) |
| 机械动力 | | | 0.213 | | | 0.483 |
| | | | (0.21) | | | (0.13) |
| 化肥 | | | 0.247 | | | 0.171 |
| | | | (0.92) | | | (1.29) |
| 有效灌溉 | | | 0.005 9 | | | 0.005 2 |
| | | | (0.12) | | | (0.78) |
| 人均GDP | | | 8.79*** | | | 5.03*** |
| | | | (15.7) | | | (7.47) |
| 农业产值 | | | 0.214 | | | 0.235 |
| | | | (1.42) | | | (1.33) |
| 样本量 | 1 220 | 1 220 | 1 220 | 1 040 | 1 040 | 1 040 |
| 调整后 $R^2$ | 0.287 | 0.252 | 0.328 | 0.238 | 0.248 | 0.361 |
| $F$ 统计量 | 6.816 | 8.399 | 42.96 | 4.789 | 5.739 | 14.38 |

注：*、**和***分别表示通过10%、5%和1%的显著性水平检验。

　　从积温系数来看，生长期有效积温在小麦回归中的一次项和二次项系数基本通过1%或10%显著性水平检验，说明生长期有效积温对小麦单产有比较显著的影响。生长期有效积温在大麦回归中的一次项和二次项系数均未通过10%显著性水平检验，这意味着生长期有效积温对大麦单产的影响不大。在小麦基准回归中，生长期有效积温一次项系数为2.70，表明生长期有效积温每上升100℃，小麦单产增加2.70千克/亩，考虑非线性影响后，生长期有效积温对小麦单产的边际影响变成3.145千克/亩，控制了非气候因素后，该值变成2.755千克/亩。根据小麦平均生长期天数和平均单产水平大致计算，生长期平均气温每上升1℃，小麦单产增加3.12%～3.63%。此外，小麦和大麦生长期有效积温一次项系数为正，二次项系数为负，表明生长期有效积温对浙江小麦和大麦单产水平的影响曲线都呈先上升、后下降的倒"U"形。根据回归（2）和（3）以及（5）和（6）中有效积温的一次项和二次项系数计算得到：小麦生长期有效积温最优点可能位于2 268.9～2 729.0℃，大麦为2 133.8～2 200.6℃。在小麦样本地区中，生长期有效积温的平均值为2 035.2℃，位于计算所得最优区间左侧，这表明 1996—2015 年有效积温值未达最优点，短期内的气候变暖可能有利于小麦增产。在大麦样本地区中，生长期有效积温的平均值为 1 997.1℃，位于计算所得最优区间左侧，这表明 1996—2015 年有效积温值未达最优点，短期内的气候变暖可能有利于大麦增产，但此种增产效应未得到统计意义上的支持。

从降水系数来看，生长期降水量的一次项和二次项系数均通过了 1% 或 10% 的显著性水平检验，表明生长期降水量对浙江小麦和大麦的单产水平有显著的影响。在小麦回归中，生长期降水量一次项系数为 0.974，表明生长期降水量每增加 100 毫米，小麦单产增加 0.974 千克/亩，考虑非线性影响后，生长期降水量对小麦单产的边际影响增加到 0.997 千克/亩，控制非气候因素后，该值变成 0.971 千克/亩。在大麦回归中，生长期降水量一次项系数为 0.817，表明生长期降水量每增加 100 毫米，大麦单产增加 0.817 千克/亩，考虑非线性影响后，生长期降水量对大麦单产的边际影响上升到 1.107 千克/亩，控制废弃后因素后，该值变成 0.802 千克/亩。以小麦和大麦平均单产水平来计算，生长期降水量每增加 100 毫米，小麦增产 0.47% 左右，大麦增产 0.37%～0.51%。此外，生长期降水量一次项系数为正，二次项系数为负，表明生长期降水量对浙江小麦和大麦单产水平的影响曲线都呈先上升、后下降的倒"U"形的趋势。小麦和大麦样本地区生长期降水量平均值分别为 779.0 毫米和 768.4 毫米，均未达到计算所得最优点可能区间（小麦为 835.6～990.2 毫米，中晚稻为 938.6～1 054.8 毫米）的下界，这表明浙江小麦和大麦单产水平仍位于降水倒"U"形曲线顶点的左侧，如果降水量持续增加，浙江小麦和大麦仍有增产潜力。从日照系数来看，与水稻作物回归类似，生长期日照时长一次项和二次项系数均没有通过 10% 的显著性水平检验，这可能意味着日照时长的变化对浙江麦类作物单产的影响不明显。

从回归结果中还可发现，极端低温和极端降水对浙江小麦和大麦单产的影响非常明显，所有系数均为负值，且都通过了 5% 或 1% 的显著性水平检验。极端低温天数每增加 1 天，浙江小麦减产 0.354～0.539 千克/亩，大麦减产 0.426～0.473 千克/亩，按照样本地区极端低温天数平均值计算，浙江小麦平均每年因极端低温减产 1.82%～2.77%，大麦减产 3.82%～4.24%；极端降水天数每增加 1 天，浙江小麦减产 3.244～3.677 千克/亩，大麦减产 2.050～3.428 千克/亩，按照样本地区平均极端降水天数计算，浙江小麦平均每年因极端降水减产 1.59%～1.81%，大麦减产 0.96%～1.61%。总体来看，极端低温对小麦和大麦单产的影响大于极端降水的影响，极端低温对大麦的影响大于对小麦的影响，而极端降水对小麦的影响大于对大麦的影响。

在控制非气候变量后，生长期有效积温和降水量对小麦和大麦的增产效应，以及极端低温、极端降水的负面影响程度均有所下降，这在一定程度上意味着人为非气候投入要素的使用或调整，可以起到减缓气候变化影响的作用。

**（3）粗粮**

气候变化对浙江玉米和薯类单产影响的实证估计结果见表 5.7，小麦和薯类均为非越冬农作物，因此极端气温仅指极端高温天数。

表 5.7 气候变化对浙江粗粮作物单产的影响

| 变量 | 玉米 | | | 薯类 | | |
|---|---|---|---|---|---|---|
| | (1) | (2) | (3) | (4) | (5) | (6) |
| 积温 | −2.620*** | −3.120** | −2.430* | 1.710 | 2.890 | 3.890 |
| | (−7.64) | (−2.22) | (−1.79) | (0.79) | (1.56) | (1.51) |
| 降水 | −5.270*** | −12.11*** | −10.90*** | 27.85*** | 35.78*** | 35.28*** |
| | (−3.64) | (−3.06) | (−3.70) | (4.53) | (6.72) | (6.64) |
| 日照 | −5.468 | −6.777 | −6.242 | −5.485 | −5.281 | −6.383 |
| | (−1.37) | (−0.61) | (−1.13) | (−0.77) | (−1.17) | (−1.49) |
| 极端气温 | −1.086* | −1.27** | −1.387** | −3.591*** | −4.233*** | −3.998*** |
| | (−1.93) | (−2.37) | (−2.43) | (−3.86) | (−4.18) | (−3.92) |
| 极端降水 | −1.938* | −1.561* | −1.045** | −3.651* | −3.072* | −2.785 |
| | (−1.78) | (−1.94) | (−2.66) | (−1.91) | (−1.76) | (−1.62) |
| 积温平方项 | | −0.082* | −0.062* | | −0.087 | −0.101 |
| | | (−1.87) | (1.68) | | (−1.08) | (−0.95) |
| 降水平方项 | | −1.118*** | −1.097*** | | −1.898*** | −1.895*** |
| | | (−4.31) | (−4.46) | | (−5.39) | (−5.39) |
| 日照平方项 | | −0.514 | −0.412 | | −0.373 | −0.362 |
| | | (−0.33) | (−1.04) | | (−1.26) | (−1.02) |
| 机械动力 | | | −0.58 | | | −1.31 |
| | | | (−0.29) | | | (−0.44) |
| 化肥 | | | −0.042 4 | | | 0.157** |
| | | | (−0.08) | | | (−1.07) |
| 有效灌溉 | | | −0.025 5 | | | −0.002 3 |
| | | | (−0.26) | | | (−1.62) |
| 人均 GDP | | | 8.80*** | | | −0.975 |
| | | | (6.89) | | | (−0.57) |
| 农业产值 | | | 1.07*** | | | −0.382 |

（续）

| 变量 | 玉米 | | | 薯类 | | |
|------|------|------|------|------|------|------|
| | (1) | (2) | (3) | (4) | (5) | (6) |
| | | | (3.43) | | | (-0.86) |
| 样本量 | 1 076 | 1 076 | 1 075 | 1 400 | 1 400 | 1 398 |
| 调整后 $R^2$ | 0.135 | 0.185 | 0.196 | 0.136 | 0.206 | 0.212 |
| F 统计量 | 16.14 | 13.84 | 18.9 | 24.16 | 19.61 | 12.79 |

注：*、** 和 *** 分别表示通过 10%、5% 和 1% 的显著性水平检验。

　　从积温系数来看，生长期有效积温在玉米回归中的一次项和二次项系数均通过了 1%、5% 或 10% 的显著性水平检验，而且均为负值，表明生长期有效积温对玉米单产有显著不利影响。在玉米基准回归中，生长期有效积温一次项系数为-2.62，表明生长期有效积温上升 100℃，玉米单产下降 2.62 千克/亩，考虑非线性影响后，生长期有效积温对玉米单产的边际影响扩大至-3.284 千克/亩，控制非气候变量后，该值变成-2.554 千克/亩。根据玉米平均生长期天数和当年平均单产水平大致计算，生长期平均气温每上升 1℃，玉米单产下降 0.33%～0.42%。生长期有效积温在薯类回归中的一次项和二次项系数均未通过 10% 的显著性水平检验，表明生长期有效积温对薯类单产的影响可能不明显。

　　从降水系数来看，生长期降水量一次项和二次项系数均通过了 1% 的显著性水平检验，表明生长期降水量对玉米和薯类单产有非常显著的影响。在玉米回归中，生长期降水量一次项系数为-5.27，表明生长期降水量每增加 100 毫米，玉米单产下降 5.27 千克/亩，考虑非线性影响后，生长期降水量对玉米单产的边际效应达-15.232 千克/亩，控制非气候变量后，该值变成-13.094 千克/亩。在薯类回归中，生长期降水量一次项系数为 27.85，表明生长期降水量每增加 100 毫米，薯类单产上升 27.85 千克/亩，考虑非线性影响后，生长期降水量对薯类单产的边际影响达 31.98 千克/亩，控制非气候变量后，该值变成 31.49 千克/亩。根据玉米和薯类平均单产水平计算，生长期降水量每增加 100 毫米，玉米减产 1.77%～5.13%，薯类增产 7.38%～8.38%。此外，薯类回归中生长期降水量一次项系数为正，二次项系数为负，表明生长期降水量对浙江薯类单产水平的影响曲线呈先上升、后下降的倒"U"形的趋势。薯类样本地区生长期降水量平均值为 735.4，未达到计算所得最优点可能区间（930.9～942.5 毫米）下界，表明浙江薯类单产水平位于降水倒"U"形曲线顶点的左侧，如果降水量持续增加，薯类仍有增产潜力。从日照系数来看，玉米和薯类与水稻和麦类作物回归类似，生长期日照时长一次项和二次项系数没有通过10％的显著性水平检验，这可能意味着日照时长的变化对浙江粗粮作物单产的影响不明显。

从回归结果中还可发现，极端低温和极端降水均对浙江玉米和薯类单产的影响非常明显，所有系数均为负值，且基本上都通过了1％、5％或10％的显著性水平检验。极端高温天数每增加1天，浙江玉米减产1.086～1.387千克/亩，薯类减产3.591～4.233千克/亩，根据样本地区极端高温天数平均值计算，浙江玉米平均每年因极端高温减产0.17％～0.21％，薯类减产0.69％～0.81％；极端降水天数每增加1天，浙江玉米减产1.045～1.938千克/亩，薯类减产2.785～3.651千克/亩，根据样本地区平均极端降水天数计算，浙江玉米平均每年因极端降水减产1.08％～2.01％，薯类减产2.19％～2.88％。总体来看，极端降水对玉米和薯类单产的影响大于极端高温的影响，极端高温和极端降水对薯类单产的影响大于对玉米单产的影响。

在控制非气候变量后，生长期有效积温和降水量对玉米的减产效应、生长期降水量对薯类的增产效应，以及极端低温、极端降水的负面影响程度均有所下降，这在一定程度上意味着人为非气候投入要素的使用或调整，可以起减缓气候变化影响的作用。

### (4) 油料

气候变化对浙江大豆和油菜籽单产影响的实证估计结果见表5.8，由于大豆和油菜籽分属非越冬和越冬农作物，因此大豆回归中极端气温指极端高温，回归油菜籽中极端气温指极端低温。

表5.8 气候变化对浙江油料作物单产的影响

| 变量 | 大豆 | | | 油菜籽 | | |
|---|---|---|---|---|---|---|
| | (1) | (2) | (3) | (4) | (5) | (6) |
| 积温 | −1.072*** | −1.406* | −1.252* | 0.623* | 0.926* | 1.244* |
| | (−9.76) | (−1.75) | (−1.86) | (1.92) | (1.77) | (1.76) |
| 降水 | 2.287*** | 3.103* | 2.617* | 2.26 | 1.947 | 2.543 |
| | (7.02) | (1.70) | (1.85) | (0.06) | (0.10) | (0.13) |
| 日照 | 1.320 | 1.725 | 1.522 | −1.114 | −1.224 | −1.308 |
| | (0.69) | (1.34) | (1.50) | (−0.12) | (−0.14) | (−0.07) |
| 极端气温 | −0.507* | −0.725* | −0.608* | −0.768** | −0.685** | −1.027* |
| | (−1.65) | (−1.66) | (−1.74) | (−2.13) | (−2.49) | (−1.72) |
| 极端降水 | −2.089** | −1.819** | −1.437* | −1.042** | −0.774** | −0.632* |
| | (−2.08) | (−2.14) | (−1.85) | (−2.16) | (−2.08) | (−1.88) |

（续）

| 变量 | 大豆 | | | 油菜籽 | | |
|---|---|---|---|---|---|---|
| | (1) | (2) | (3) | (4) | (5) | (6) |
| 积温平方项 | | −0.036 6** | −0.029 3** | | −0.018 6* | −0.028 4* |
| | | (−1.97) | (−2.07) | | (−1.67) | (−1.85) |
| 降水平方项 | | −0.136** | −0.172** | | −0.106 | −0.182 |
| | | (−2.21) | (−1.96) | | (−0.08) | (−0.19) |
| 日照平方项 | | −0.076 1 | −0.069 5 | | −0.056 4 | −0.062 6 |
| | | (−1.06) | (−1.35) | | (−0.14) | (−0.08) |
| 机械动力 | | | 0.504 | | | −1.466 |
| | | | (−0.43) | | | (−0.16) |
| 化肥 | | | −0.030 5 | | | −0.159 |
| | | | (−0.97) | | | (−0.63) |
| 有效灌溉 | | | 0.003 5 | | | 0.005 99 |
| | | | (0.63) | | | (0.13) |
| 人均 GDP | | | 7.72*** | | | 5.66 |
| | | | (11.47) | | | (1.09) |
| 农业产值 | | | 0.462*** | | | 0.179 |
| | | | (2.64) | | | (0.13) |
| 样本量 | 1 398 | 1 398 | 1 396 | 1 400 | 1 400 | 1 398 |
| 调整后 $R^2$ | 0.147 | 0.193 | 0.284 | 0.083 | 0.103 | 0.144 |
| F 统计量 | 27.66 | 24.6 | 40.08 | 3.52 | 5.47 | 7.53 |

注：*、** 和 *** 分别表示通过 10%、5% 和 1% 的显著性水平检验。

从积温系数来看，生长期有效积温一次项与二次项系数均通过了 1%、5% 或 10% 的显著性水平检验，表明生长期有效积温对浙江大豆和油菜籽单产存在显著影响。在大豆基准回归中，生长期有效积温一次项系数为 −1.072，意味着生长期有效积温每上升 100℃，大豆单产降低 1.072 千克/亩，考虑积温非线性影响后，生长期有效积温对大豆单产的边际影响扩大到 −1.551千克/亩，控制非气候变量后，该值变成 −1.311 千克/亩。在油菜籽基准回归中，生长期有效积温一次项系数为 0.623，意味着生长期有效积温每上升100℃，油菜籽单产上升 0.623 千克/亩，若考虑积温非线性影响，生长期有效积温对油菜籽单产的边际影响将扩大到 0.889 千克/亩，控制非气候变量后，该值变成 1.187 千克/亩。根据大豆和油菜籽平均生长期天数和当年平均单产水平大致计算，生长期平均气温每上升 1℃，大豆单产降低 0.79%～1.14%，油菜籽增产 1.14%～2.18%。油菜籽回归中生长期有效积温一次项系数为正，二次项系数为负，表明生长期有效积温对浙江油菜籽单产水平的影响曲线呈先上升、后下降的倒"U"形趋势。油菜籽样本地区生长期降水量平均值为 2 076.2℃，未达到计算所得最优点可能区间（2 190.1～2 489.2℃）下界，表明浙江油菜籽单产水平仍位于降水倒"U"形曲线顶点的左侧，未来气温升高对油菜籽生产有利。

从降水系数来看，生长期降水量在大豆回归中的一次项和二次项系数均通过了 1%、5% 或 10% 的显著性水平检验，意味着生长期降水量对浙江大豆单产有显著影响。在大豆基准回归中，生长期降水量一次项系数为 2.287，表明生长期降水量每增加 100 毫米，大豆单产增加 2.287 千克/亩，若考虑降水非线性影响，生长期降水量对大豆单产的边际影响将缩小至 2.831 千克/亩，控制非气候变量后，该值变成 2.273 千克/亩。根据大豆平均单产水平计算，生长期降水量每增加 100 毫米，大豆增产 0.81%～1.39%。此外，大豆回归中生长期降水量一次项系数为正，二次项系数为负，表明生长期降水量对浙江大豆单产水平的影响曲线呈先上升、后下降的倒"U"形的趋势。大豆样本地区生长期降水量平均值为 735.4 毫米，未达到计算所得最优点可能区间（大豆为 765.2～1 140.8 毫米）下界，这意味着浙江大豆单产水平仍位于降水倒"U"形曲线顶点的左侧，未来降水量增加对大豆生产有利。在油菜籽回归中，生长期降水量的一次项和二次项系数均未通过 10% 的显著性水平检验，表明生长期降水量变化对浙江油菜籽单产的影响不明显。从日照系数来看，与水稻、麦类以及粗粮作物回归类似，生长期日照时长一次项和二次项系数没有通过 10% 的显著性水平检验，这可能意味着日照时长的变化对浙江油料作物单产的影响不明显。

从回归结果中还可发现，极端气温和极端降水对浙江大豆和油菜籽单产的影响都非常明显，所有系数均为负值，且都通过了 5% 或 10% 的显著性水平检验。极端气温天数每增加 1 天，浙江大豆减产 0.507～0.725 千克/亩，油菜籽减产 0.685～1.027 千克/亩，根据样本地区极端气温天数平均值计算，浙江大豆平均每年因极端高温减产 0.23%～0.32%，油菜籽平均每年因极端低温减产 8.6%～12.9%；极端降水天数每增加 1 天，浙江大豆减产 1.437～2.089 千克/亩，油菜籽减产 0.632～1.042 千克/亩，按照样本地区平均极端降水天数来看，浙江大豆平均每年因极端降水减产 0.65%～0.95%，油菜籽减产 0.53%～0.88%。总体来看，极端降水对大豆和油菜籽单产的影响大于极端气温的影响，极端低温对油菜籽的影响大于极端高温对大豆的影响。

在控制非气候变量后，生长期有效积温对大豆的减产效应、生长期降水量对大豆的增产效应，以及极端低温、极端降水的负面影响程度均有所下降，这也在一定程度上意味着人为非气候投入要素的使用或调整，可以起减缓气候变化影响的作用。

**（5）小结**

上述空间误差面板模型回归结果表明，生长期有效积温对早稻、中晚稻、小麦和油菜籽 4 种农作物单产的影响呈先上升、后下降的倒"U"形态势，而且生长期有效积温水平尚未到达倒"U"形的顶点，未来气候变暖可能有利于这 4 种农作物继续增产；生长期有效积温对玉米和大豆单产的影响显著为负，未来气温升高可能会使这两种农作物继续减产；生长期有效积温变化虽然对大麦单产的影响呈倒"U"形态势，但这种影响在统计意义上不显著，薯类对生长期有效积温的反应也不敏感。生长期降水量对小麦、大麦、薯类和大豆 4 种农作物单产的影响呈先上升、后下降的倒"U"形态势，而且生长期降水量水平还没到达倒"U"形的顶点，倘若未来降水量提高，这 4 种农作物仍有进一步增产的潜力；生长期降水量对早稻、中晚稻和玉米 3 种农作物单产的影响显著为负，未来降水增加可能导致这些农作物减产；虽然生长期降水量变化对油菜籽单产的影响也呈现倒"U"形态势，但这种影响在统计意义上不显著。生长期日照时长对所有农作物单产的影响均不显著，但生长期极端气候事件对所有农作物单产的影响均显著为负。表 5.9 总结了生长期气温、降水以及极端气温和极端降水对浙江主要农作物单产的边际影响。

表 5.9　气候变化对浙江主要农作物单产的边际影响

| 变量 | 早稻 | 中晚稻 | 小麦 | 大麦 | 玉米 | 薯类 | 大豆 | 油菜籽 |
|---|---|---|---|---|---|---|---|---|
| 气温/（%/℃） | 3.61~<br>4.42 | 2.95~<br>3.64 | 3.12~<br>3.63 | — | −0.33~<br>−0.42 | — | −0.79~<br>−1.14 | 1.14~<br>2.18 |
| 降水/（%/100 毫米） | −1.49~<br>−1.71 | −1.20~<br>−1.56 | 0.47 | 0.37~<br>0.51 | −1.77~<br>−5.13 | 7.38~<br>8.38 | 0.81~<br>1.39 | — |
| 极端气温/（%/天） | −3.91~<br>−5.08 | −2.34~<br>−2.78 | −0.17~<br>−0.26 | −0.20~<br>−0.22 | −0.37~<br>−0.47 | −0.95~<br>−1.12 | −0.31~<br>−0.44 | −0.53~<br>−0.79 |
| 极端降水/（%/天） | −0.84~<br>−0.95 | −1.04~<br>−1.30 | −0.97~<br>−1.63 | −1.35~<br>−1.68 | −0.35~<br>0.65 | −0.74~<br>−0.97 | −0.88~<br>−1.28 | −0.49~<br>−0.80 |

## 5.3.3　适应性回归结果

**（1）自然适应**

根据式（5-9），得出考虑自然适应性的回归结果（表 5.10）。考虑生长期气候变量与其全样本平均值的交乘项后，生长期气候变量一次项、二次项和生长期极端气候变量的系数符号基本未发生改变，但大部分系数值及显著性水平有所降低，这意味着自然适应在一定程度上能够缓解气候变化给农作物生产带来的影响。自然适应变量结果显示，生长期有效积温相对样本期内平均值上升，对早稻、中晚稻、小麦、大麦和大豆单产的影响为正，对玉米、薯类和油菜籽单产的影响为负，这一结果与表 5.9 基本符合（大豆除外），其中，早稻和中晚稻样本的积温自然适应回归系数显著为正，进一步表明在 1996—2015 年生长期有效积温条件下，未来气温升高可能有利于早稻和中晚稻增产；生长期降水量相对样本期内平均值上升，对早稻、中晚稻和大豆单产的影响为负，对小麦、大麦、玉米、薯类和油菜籽的影响为正，这一结果与表 5.9 基本符合（玉米除外），其中，早稻、中晚稻、小麦、大麦和薯类的自然回归系数通过 5% 或 1% 显著性水平检验，表明这些农作物单产水平对降水量的变化非常敏感，进一步验证了在 1996—2015 年生长期降水量条件下，未来降水量增多可能有利于小麦、大麦和薯类增产，但可能使早稻和中晚稻面临减产风险；与生长期有效积温和降水量相比，生长期日照时长的自然适应回归系数明显偏低，且只有早稻样本通过 10% 的显著性水平检验（表明日照时长变化对早稻单产水平有同向影响），这一结果与上文基本相同。农作物对日照的敏感性均弱于农作物对于气温和降水的敏感性，农作物自然适应气候变化的主要表现是适应气温和降水的变化。

表 5.10　考虑自然适应的回归结果

| 变量 | 早稻 | 中晚稻 | 小麦 | 大麦 | 玉米 | 薯类 | 大豆 | 油菜籽 |
|---|---|---|---|---|---|---|---|---|
| 积温 | 1.962* | 3.70* | 1.22* | 0.83 | −1.070 | 1.144 | −0.762* | 1.562* |
| | (1.73) | (1.69) | (1.76) | (0.76) | (−1.55) | (0.4) | (−1.91) | (1.82) |
| 降水 | −2.123** | −2.706* | 0.783* | 0.766 | −3.912* | 11.73* | 2.004* | 1.579 |
| | (−1.99) | (−1.90) | (1.90) | (1.44) | (−1.70) | (1.77) | (1.77) | (0.989) |
| 日照 | 0.330 | 0.144 | 0.750 | 0.83 | −1.335 | −0.839 | 0.879 | −1.308 |
| | (1.29) | (0.56) | (1.44) | (0.45) | (−1.44) | (−1.00) | (0.57) | (−0.07) |
| 极端气温 | −5.511** | −6.75 | −1.233 | −0.846* | −1.521 | −1.222*** | −1.013* | −1.027* |
| | (−2.08) | (−1.05) | (−0.86) | (−1.69) | (−1.43) | (−4.99) | (−1.89) | (−1.72) |
| 极端降水 | −1.078* | −0.978* | −1.897* | −2.928** | −0.843** | −1.005* | −0.769 | −0.632* |
| | (−1.85) | (−1.86) | (−1.77) | (−2.58) | (−2.07) | (−1.82) | (−0.67) | (−1.88) |
| 积温平方项 | −0.068* | −0.117* | −0.045 | −0.0334 | −0.041** | −0.081* | −0.020* | −0.014 |
| | (−1.65) | (−1.74) | (−1.08) | (−1.15) | (1.96) | (−1.75) | (−1.97) | (−0.65) |
| 降水平方项 | −0.077 | −0.375* | −0.056** | −0.042*** | −0.433* | −0.92* | −0.562 | −0.182 |

（续）

| 变量 | 早稻 | 中晚稻 | 小麦 | 大麦 | 玉米 | 薯类 | 大豆 | 油菜籽 |
|---|---|---|---|---|---|---|---|---|
| | （−0.49） | （−2.02） | （1.96） | （−2.86） | （−2.46） | （−1.89） | （−0.44） | （−0.19） |
| 日照平方项 | −0.102 | −0.204 | 0.135 | 0.065 | −1.078 | −0.627 | −0.003 | −0.123 |
| | （−0.88） | （−0.16） | （0.99） | （0.27） | （−0.99） | （−1.55） | （−1.54） | （−0.81） |
| 积温×平均值 | 0.269* | 0.129* | 0.516 | 0.233 | −0.369 | −0.454 | 0.262 | −0.555 |
| | （1.93） | （1.73） | （0.02） | （1.02） | （−1.03） | （−0.99） | （−0.89） | （−0.75） |
| 降水×平均值 | −0.527*** | −0.412** | 0.729*** | 0.318*** | 0.697 | 0.707** | −1.281 | 0.622 |
| | （−7.37） | （−2.58） | （3.52） | （4.21） | （−0.31） | （−2.23） | （−1.02） | （0.11） |
| 日照×平均值 | 0.147* | 0.035 | 0.199 | 0.053 | −0.332 | 0.019 | −0.129 | 0.079 |
| | （1.68） | （0.77） | （1.43） | （1.37） | （−0.55） | （1.54） | （−0.42） | （0.49） |
| 样本量 | 1 220 | 1 400 | 1 220 | 1 040 | 1 080 | 1 400 | 1 400 | 1 400 |
| 调整后 $R^2$ | 0.344 | 0.273 | 0.355 | 0.280 | 0.292 | 0.143 | 0.301 | 0.320 |
| $F$ 统计量 | 15.43 | 16.63 | 23.38 | 9.579 | 10.81 | 7.434 | 21.1 | 0.431 |

注：*、** 和 *** 分别表示通过10%、5%和1%的显著性水平检验。

## （2）人为适应

根据式（5-10），得出考虑人为适应性的回归结果（表5.11）。

表 5.11　考虑人为适应的回归结果

| 变量 | 早稻 | 中晚稻 | 小麦 | 大麦 | 玉米 | 薯类 | 大豆 | 油菜籽 |
|---|---|---|---|---|---|---|---|---|
| 积温 | 1.002 | 1.202* | 0.752 | 0.987 | −0.575* | 1.002 | −0.173 | 1.371 |
| | （1.21） | （1.88） | （0.50） | （1.26） | （−1.85） | （1.04） | （−0.45） | （0.57） |
| 降水 | −1.101* | −0.982* | 0.783* | −0.996 | −1.302 | 5.621* | 1.350 | 0.333* |
| | （−1.70） | （−1.69） | （1.90） | （−1.03） | （−0.57） | （1.88） | （0.66） | （1.83） |
| 日照 | 0.330 | 0.104 | 0.750 | 0.287 | −1.567 | 0.239 | −0.562 | −2.018 |
| | （1.29） | （0.32） | （1.44） | （0.43） | （−0.74） | （1.55） | （−1.57） | （−0.11） |
| 极端气温 | −1.309* | −2.56 | −1.233 | −0.754 | −1.017* | −1.033* | −0.437* | −1.986 |
| | （−1.72） | （−1.43） | （−0.86） | （−0.07） | （−1.76） | （−1.89） | （−1.77） | （−1.02） |
| 极端降水 | −1.078* | −0.208 | −1.897* | −0.522* | −0.604* | −0.565 | −1.769 | −0.999 |
| | （−1.85） | （−0.74） | （−1.77） | （−1.98） | （−1.69） | （−0.92） | （−0.09） | （−0.18） |
| 积温平方项 | −0.003 | −0.042* | −0.045 | −0.014* | −0.004 | −0.047 | −0.133 | 0.031 |
| | （−1.12） | （−1.75） | （−1.08） | （−1.72） | （0.77） | （−1.04） | （−0.07） | （1.59） |
| 降水平方项 | −0.015 | −0.062* | −0.056** | −0.205* | −0.124* | 0.182 | 0.165 | −0.226 |

（续）

| 变量 | 早稻 | 中晚稻 | 小麦 | 大麦 | 玉米 | 薯类 | 大豆 | 油菜籽 |
|---|---|---|---|---|---|---|---|---|
| | （−0.81） | （−2.02） | （1.96） | （−1.74） | （−1.90） | （1.09） | （1.21） | （−0.98） |
| 日照平方项 | −0.372 | −0.174 | 0.135 | 0.305 | 0.255 | 0.407 | −0.013 | 0.351 |
| | （−1.75） | （−0.58） | （0.99） | （0.55） | （0.78） | （1.25） | （−1.20） | （1.39） |
| 积温×机械动力 | −1.551** | −2.842** | −0.204 | −4.205** | −2.043 | −2.071 | 0.628 | −1.602 |
| | （−2.1） | （−1.99） | （−0.29） | （−2.01） | （−0.67） | （−0.50） | （−0.38） | （−0.24） |
| 积温×化肥 | 0.136 | −0.065 | 0.054 | −0.083 | −0.235 | −0.149 | −0.074 | −0.026 |
| | （−1.57） | （−1.02） | （−0.78） | （−0.92） | （−1.09） | （−0.73） | （−0.92） | （−0.07） |
| 积温×灌溉 | −0.093** | −0.027 | −0.012 | −0.033 | −0.014 | 0.066 | 0.021 | −0.062 |
| | （−2.28） | （−0.96） | （−0.40） | （−0.07） | （−0.15） | （−1.06） | （−0.86） | （−0.47） |
| 降水×机械动力 | −0.960* | −1.167** | −0.795* | −4.241*** | 0.487 | −1.543* | 0.027 | −0.304 |
| | （−1.73） | （−2.08） | （−1.86） | （−2.87） | （−0.64） | （−1.69） | （−0.06） | （−0.08） |
| 降水×化肥 | −0.399** | −0.068 | −0.044 | −0.097 | −0.285*** | 0.075 | −0.034 | −0.093 |
| | （−5.60） | （−1.19） | （−0.89） | （−1.52） | （−3.22） | （−0.65） | （−0.07） | （−0.31） |
| 降水×灌溉 | −0.134*** | −0.049* | −0.014* | −0.012 | −0.144** | −0.084* | −0.004 | −0.075 |
| | （−5.47） | （−1.78） | （−1.72） | （−0.44） | （−3.42） | （−1.82） | （−0.02） | （−0.46） |
| 日照×机械动力 | 0.641 | −0.553 | −0.017 | −0.394 | −0.593 | 0.292 | −0.584 | −0.998 |
| | （−0.48） | （−0.85） | （−0.05） | （−0.85） | （−0.63） | （−0.98） | （−1.12） | （−0.30） |
| 日照×化肥 | −0.017 | −0.084 | 0.013 | 0.027 | −0.025 | −0.045 | −0.025 | 0.074 |
| | （−0.12） | （−0.28） | （−0.63） | （−1.09） | （−0.49） | （−0.08） | （−0.88） | （−0.39） |
| 日照×灌溉 | 0.022 | 0.011 | −0.047 | −0.031 | 0.016 | −0.016 | 0.023 | 0.045 |
| | （−0.32） | （−0.78） | （−0.48） | （−0.24） | （−0.69） | （−0.06） | （−1.56） | （−0.49） |
| 样本量 | 1 220 | 1 400 | 1 220 | 1 040 | 1 080 | 1 400 | 1 400 | 1 400 |
| 调整后 $R^2$ | 0.204 | 0.211 | 0.321 | 0.187 | 0.193 | 0.102 | 0.212 | 0.259 |
| $F$ 统计量 | 10.13 | 9.72 | 15.53 | 6.92 | 11.01 | 5.45 | 19.11 | 0.272 |

注：*、** 和 *** 分别表示通过 10%、5% 和 1% 的显著性水平检验。

在考虑生长期气候变量与生产投入要素的交乘项后，生长期气候变量一次项、二次项和生长期极端气候变量的符号基本未发生变化，系数值以及显著性水平明显降低，这意味着人为适应也能在一定程度上缓解气候变化对农作物生产带来的影响，但模型回归拟合优度较自然适应回归有所降低。人为适应变量结果显示，在生长期有效积温回归中，早稻、中晚稻和大麦的积温和机械动力交叉项系数显著为负，表明农业机械投入可以在一定程度上抵消积温变化给农作物生产带来的影响，该系数在其他农作物样本回归中也基本为负（大豆除外），但均未通过 10％的显著性水平检验；除早稻和小麦以外，积温与化肥交叉项回归系数都为负，但数值明显低于积温和机械动力交叉项回归系数，且均未通过 10％的显著性水平检验，农业化肥投入与积温之间的替代效应可能不存在；积温与灌溉交叉项系数值均小于 0.1，且仅有早稻样本通过了显著性水平检验，灌溉投入与积温之间的替代效应可能也不存在。在生长期降水量回归中，早稻、中晚稻、小麦、大麦和薯类的降水和机械动力交叉项系数显著为负，表明农业机械投入可以在一定程度上抵消降水变化给农作物生产带来的影响；早稻和玉米样本的降水和化肥交叉项系数显著为负，表明降水与化肥投入之间可能存在替代关系，该系数在其他农作物中也基本为负（薯类除外），但由于回归系数值均小于 0.1，且都未通过显著性水平检验，因此无法判断该效应在其他农作物中同样存在；早稻、中晚稻、小麦、玉米和薯类样本的降水和灌溉交叉项系数显著为负，但是由于系数值均低于 1.5，意味着降水与灌溉投入之间的替代效应存在但不明显。在生长期日照时长回归中，所有人为适应回归系数均未通过显著性水平检验，且系数值较低，因此人为适应与日照时长的关系不明显。

总体来看，可从人为适应回归结果中初步得到 3 个事实：第一，各农作物样本人为适应系数基本为负，表明大部分生产投入和气候要素之间有一定替代关系，但系数通过显著性水平检验的不多；第二，气候要素与机械动力交叉项系数高于其与化肥和灌溉交叉项系数，表明化肥投入和有效灌溉比例对气候要素变化的敏感程度弱于机械投入；第三，有效积温和降水量与各项生产投入要素交叉项系数高于日照时长与各项生产投入要素交叉项系数，意味着对气温和降水的适应与自然适应相同，也是人为适应的核心。

# 5.4 本章小结

本章利用《浙江统计年鉴》和浙江 11 个地级市统计年鉴提供的县级农业投入与产出数据，以及中国气象数据网提供的浙江 17 个气象观测站逐日地面气象观测资料，构建了 1996—2015 年浙江县级主要农作物生产与气象面板数据集，利用空间面板误差模型定量实证分析了气候变化对浙江早稻、中晚稻、小麦、大麦、玉米、薯类、大豆和油菜 8 种主要农作物单产水平的影响，并在此基础上进一步分析了气候自然适应和人为适应的影响，得到 4 个研究结论。

第一，浙江各地区农作物单产水平呈现明显的空间相关性，因此，分析面板数据时需要考虑空间因素。本章计算了空间 Moran's I 指数，结果发现：早稻、中晚稻和小麦单产水平的空间相关性较高，油菜籽单产水平的空间相关性最低。不同农作物之间空间相关性的变化存在差异，小麦和大豆单产水平的空间相关性逐渐升高，玉米单产水平的空间相关性逐渐降低，大麦和油菜籽单产水平的空间相关性呈现前 10 年低于后 10 年的态势，早稻则相反，中晚稻单产水平空间相关性在 2001—2010 年较高。

第二，气候变化对农作物单产存在比较明显的影响，且不同气候要素和不同农作物之间存在明显差异。生长期有效积温对早稻、中晚稻、小麦和油菜籽这 4 种农作物单产的影响呈现先上升、后下降的倒"U"形态势，而且 1996—2015 年生长期有效积温水平还没到倒"U"形的顶点，气温每升高 1℃，这 4 种作物分别增产 3.61%～4.42%、2.95%～3.64%、3.12%～3.63% 和 1.14%～2.18%，未来气候变暖可能有利于这 4 种农作物继续增产，其中，早稻的增产效应最明显。生长期有效积温对玉米和大豆单产的影响显著为负，但减产幅度有限，气温每升高 1℃，这两种农作物减产 0.33%～0.42% 和 0.79%～1.14%。生长期降水量对小麦、大麦、薯类和大豆这 4 种农作物单产的影响呈现先上升、后下降的倒"U"形态势，而且 1996—2015 年生长期降水量还没到倒"U"形的顶点，生长期降水量每增加 100 毫米，这 4 种农作物增产 0.47%、0.37%～0.51%、7.38%～8.38% 和 0.81%～1.39%，未来降水量提高，这 4 种农作物仍有进一步增产的潜力，尤其是薯类作物。生长期降水量对早稻、中晚稻和玉米这 3 种农作物单产的影响显著为负，1996—2015 年生长期降水量每增加 100 毫米，这 3 种农作物减产 1.49%～1.71%、1.20%～1.56 和 1.77%～5.13%。生长期日照时长对所有农作物单产的影响均不显著。

第三，极端气候事件对农作物单产的影响非常明显。本章分别以农作物生长期内日最高气温超过 40℃、日最低气温低于 0℃ 和 24 小时降水达到国家暴雨（50 毫米）标准的天数作为极端高温、极端低温和极端降水指标，用于回归实证分析，结果表明：极端高温对早稻、中晚稻、玉米、薯类和大豆单产水平有显著影响，其中，早稻和中晚稻受影响最严重，极端高温天数每增加 1 天，早稻和中晚稻分别减产 3.91%～5.08% 和 2.34%～2.78。极端低温对小麦、大麦和油菜籽单产水平有显著影响，其中，对油菜籽的影响最大，极端低温天数每增加 1 天，油菜籽减产 0.53%～0.79%。极端降水对 8 种农作物单产水平均有明显负面影响，极端降水每增加 1 天，这些农作物减产 0.49%～1.68%，由于早稻、中晚稻等农作物生长期极端降水频次较高，这些农作物生产累积受极端降水的影响较大，其中，中晚稻减产幅度较大，平均每年因受生长期内极端降水影响而减产 14.148～17.642 千克/亩，早稻和薯类的减产幅度也在 7 千克/亩以上，小麦、大麦和油菜等越冬作物的减产幅度相对较小。

第四，自然适应和人为适应能在一定程度上缓解气候变化对农作物生产带来的影响。本章以气候要素与样本期内平均值的交叉项、气候要素与其他投入要素的交叉项作为气候自然适应和人为适应指标，用于回归分析。在考虑两种适应后，生长期气候变量一次项、二次项和生长期极端气候变量的符号基本未发生变化，但系数值及显著性水平明显降低，农作物自然适应气候变化的主要途径是适应气温和降水的变化，对日照变化则不敏感。人为适应结果表明，大部分生产投入和气候要素间有一定替代关系，化肥投入和有效灌溉比例对气候要素变化的敏感性弱于机械投入，积温和降水与各项生产投入要素交叉项系数值和显著性均高于日照与生产投入要素交叉项系数，意味着对气温和降水的适应也是人为适应的核心。

# CHAPTER *6*

## 气候变化对浙江农作物生产的
## 影响研究：基于农业 TFP 视角

本章从 TFP 角度出发，基于 1996—2015 年浙江县级面板数据，采用 DEA-Malmquist 计算方法，估计了气候变化对浙江农业 TFP 的影响。本章内容安排如下：6.1 从投入和产出两方面分析了气候变化对农业全要素生产率的影响机制；6.2 具体介绍了本章农业 TFP 的计算和分解方法，以及如何识别气候变化对农业 TFP 的影响；6.3 介绍了实证模型中具体的变量设置、数据来源以及描述性统计；6.4 从全省和分地区两个层面，分别报告了气候变化对浙江农业 TFP 影响的变化趋势及地区差异；6.5 为本章小结。

## 6.1 影响机制

TFP 是经济发展的动力源泉之一，衡量了经济增长中投入要素增长未能完全解释的部分，比如投入要素利用效率提高、技术升级进步、组织管理创新等。就中国农业而言，随着农村劳动力和可利用土地等要素投入的增加遇到瓶颈，对农业经济进一步增长的驱动作用逐渐减弱，农业 TFP 的增长对中国农业发展来说显得尤为重要（高帆，2015）。TFP 能够从本质上反映经济活动中生产投入转化成实际产出的效率问题，因此，气候变化对农业 TFP 影响的机制路径，可以从投入和产出两方面来分析（图 6.1）。

**(1) 气候变化对农业生产投入的影响**

首先，气温、降水和日照等气候要素与农业化肥、灌溉和机械动力等其他生产投入要素之间可能存在一定替代关系，气候变化带来的农作物积温水平提高，以及降水量和日照时长改变等，有可能使农户改变其他非气候生产投入要素的使用量；其次，如果出现极端高温、低温或暴雨等极端气候现象，或是遇到由气候变暖导致的病虫害问题，为了尽可能减少损失，农户有理由投入更多的生产要素；最后，气候变化使农业气候资源条件发生改变，农业种植制度和结构也随之变化，农户变更轮作方式或种植其他品种农作物，也会使生产投入

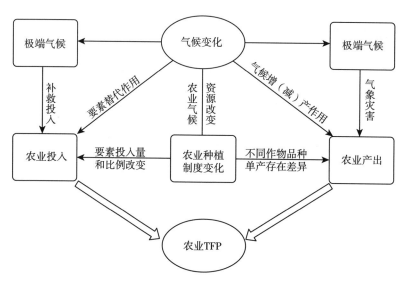

图 6.1 气候变化对农业 TFP 的影响机制

要素数量和配比发生改变。

**（2）气候变化对农业产出的影响**

气候变化对农业产出的影响主要表现在两方面：第一，现有研究已经证明气候变化对农作物单产存在比较明显的影响，农业热量资源改变也可能使某些农作物可耕范围和面积增加，进而影响农作物最终产量；第二，由于不同农作物品性不同，单产本身存在差异，因此气候变化带来的轮作方式或种植品种改变，也会使产量发生变化。除此之外，如果农作物在生长期内遭遇极端气候事件，农业总产出势必也会受到影响。

# 6.2 研究方法

## 6.2.1 DEA-Malmquist 指数法

学术界主要有 4 种研究方法计算 TFP，分别是增长核算法、生产函数法、SFA 方法和 DEA 方法。由于具有无须设定具体的生产函数或结构方程形式、可分解 TFP、允许无效率项存在和采用不同量纲投入产出数据等优点，DEA 方法在 TFP 研究中广泛运用（章祥荪等，2008）。目前，DEA 方法主要通过计算和分解 Malmquist 指数来表征 TFP 增长与变化情况，其核心思想是：先用实际观测到的生产要素数据集合构造生产前沿面，即包络面；然后将决策单元（Decision Making Units，DMU）投影到生产前沿面上；最后计算 DMU 与生产前沿面的距离，这种"偏离"程度可用于评价各 DMU 的相对相率。

Malmquist 指数的概念是由瑞典经济学家 Malmquist 于 1953 年提出的缩放因子构建消费指数概念衍生而来的，Caves 等（1982）将这一概念引入生产分析，并开创性地采用距离函数之比构建生产率指数，即 Malmquist 指数。随后在 Fare 等（1994）和 Ray 等（1997）学者基于 DEA 方法的努力下，形成利用 DEA-Malmquist 指数法计算和分解 TFP 的基本分析框架。

假设有 $K$ 个 DMU 进行 $t$ 期生产活动，其中共有 N 种投入要素和 M 种产出品，则记第 $t$ 期第 $k$ 个 $DMU$ 使用 $n$ 种投入要素的集合为 $x_{k,n}^t$，产出品集合为 $y_{k,m}^t$。基于规模报酬不变（Constant Returns to Scale，C）和要素强可处置（Strong Disposability of Inputs，S）假定，考虑产出角度（Output—Orientated，O），参考章祥荪等（2008）以及高帆（2015）的处理方式，第 $t$ 期生产可能性 $P_o^t$ 可被定义为：

$$P_o^t(x^t \mid C,S) = \begin{cases} (y_1^t, y_2^t, \cdots, y_M^t) \\ \sum_{k=1}^{K} z_k^t y_{k,m}^t \geqslant y_{k,m}^t \\ \sum_{k=1}^{K} z_k^t x_{k,n}^t \leqslant x_{k,n}^t \\ \sum_{k=1}^{K} z_k^t = 1 \end{cases} \qquad (6-1)$$

其中，$z$ 为密度向量，$z_k^t$ 表示在第 $t$ 期中，为第 $k$ 个 DMU 观测值所赋的权重。

定义产出距离函数（Distance Function，D）为当期实际产出扩大至与当期生产前沿面重合的比例值：

$$D_o^t(x^t, y^t \mid C,S) = \inf\{\theta \mid (x^t, y^t/\theta) \in P_o^t\} \qquad (6-2)$$

定义技术效率（Technical Efficiency，TE）为实际产出与最大可能产出的比例，技术效率与产出距离函数互为倒数关系：

$$TE_o^t(x^t, y^t \mid C,S) = \sup\{z \mid (x^t, zy^t/\theta) \in P_o^t\} = \frac{1}{D_o^t(x^t, y^t \mid C,S)} \qquad (6-3)$$

依据 Caves 等（1982）以及 Ray 等（1997）所述，基于第 $t$ 和 $t+1$ 期参考技术的 Malmquist 指数可分别表示为：

$$M_o^t = \frac{D_o^t(x^{t+1}, y^{t+1} \mid C,S)}{D_o^t(x^t, y^t \mid C,S)} \qquad (6-4)$$

$$M_o^{t+1} = \frac{D_o^{t+1}(x^{t+1}, y^{t+1} \mid C,S)}{D_o^{t+1}(x^t, y^t \mid C,S)}$$

$M_o^t$ 和 $M_o^{t+1}$ 在经济含义上是对称的（章祥荪等，2008），因此根据 Fisher（1922）提出的理想指数思想，可通过几何平均得到 Malmquist 指数的一个综合指数：

$$M(x^t, y^t, x^{t+1}, y^{t+1}) = \sqrt{\frac{D_o^t(x^{t+1}, y^{t+1} \mid C, S)}{D_o^t(x^t, y^t \mid C, S)} \times \frac{D_o^{t+1}(x^{t+1}, y^{t+1} \mid C, S)}{D_o^{t+1}(x^t, y^t \mid C, S)}}$$

$$(6-5)$$

$M(x^t, y^t, x^{t+1}, y^{t+1})$ 可以反映在第 $t$ 期技术水平条件下，TFP 从第 $t$ 期到第 $t+1$ 期发生的变化情况。在同时考虑规模报酬不变（Constant Returns to Scale，$C$）和规模报酬可变（Variable Returns to Scale，$V$）两种情况下，Fare 等（1994）进一步分解 Malmquist 指数：

$$M(x^t, y^t, x^{t+1}, y^{t+1}) = \frac{D_o^{t+1}(x^{t+1}, y^{t+1} \mid V)}{D_o^t(x^t, y^t \mid V)} \times \sqrt{\frac{D_o^t(x^t, y^t \mid C)}{D_o^{t+1}(x^t, y^t \mid C)} \times \frac{D_o^t(x^{t+1}, y^{t+1} \mid C)}{D_o^{t+1}(x^{t+1}, y^{t+1} \mid C)}} \times$$

$$\sqrt{\left[\frac{D_o^t(x^{t+1}, y^{t+1} \mid C)}{D_o^t(x^{t+1}, y^{t+1} \mid V)} \middle/ \frac{D_o^t(x^t, y^t \mid C)}{D_o^t(x^t, y^t \mid V)}\right] \times \left[\frac{D_o^{t+1}(x^{t+1}, y^{t+1} \mid C)}{D_o^{t+1}(x^{t+1}, y^{t+1} \mid V)} \middle/ \frac{D_o^{t+1}(x^t, y^t \mid C)}{D_o^{t+1}(x^t, y^t \mid V)}\right]}$$

$$= TEC^{t, t+1} \times TP^{t, t+1} \times SE^{t, t+1}$$

$$(6-6)$$

其中，$D_o^t(x^t, y^t)$ 和 $D_o^t(x^{t+1}, y^{t+1})$ 表示基于第 $t$ 期技术水平测度的第 $t$ 和 $t+1$ 期生产技术效率水平，$D_o^{t+1}(x^t, y^t)$ 和 $D_o^{t+1}(x^{t+1}, y^{t+1})$ 表示基于第 $t+1$ 期技术水平测度的第 $t$ 和 $t+1$ 期生产技术效率水平；$TEC^{t, t+1}$（Technology Efficiency Change）为技术效率变动指数，表示生产行为从第 $t$ 到 $t+1$ 期技术效率的变动，该指数可以反映 DMU 对生产前沿面的靠近或追赶程度；$TP^{t, t+1}$（Technology Progress）为技术进步指数，表示生产行为从第 $t$ 到 $t+1$ 期技术水平变动的几何平均数，该指数能表现生产前沿面在第 $t$ 到 $t+1$ 期内的变动程度；$SE^{t, t+1}$（Scale Efficiency）为规模效率指数，表示从第 $t$ 到 $t+1$ 期生产规模变化对 TFP 的影响，在 CRS 假设下，该指数等于 1。

Ray 等（1997）进一步指出，既然在计算 $TEC^{t, t+1}$ 时假定规模报酬可变（VRS），那么其他计算同样要基于 VRS 假定，因此 $M(x^t, y^t, x^{t+1}, y^{t+1})$ 应更改为：

$$M(x^t, y^t, x^{t+1}, y^{t+1}) = \frac{D_o^{t+1}(x^{t+1}, y^{t+1} \mid V)}{D_o^t(x^t, y^t \mid V)} \times \sqrt{\frac{D_o^t(x^t, y^t \mid V)}{D_o^{t+1}(x^t, y^t \mid V)} \times \frac{D_o^t(x^{t+1}, y^{t+1} \mid V)}{D_o^{t+1}(x^{t+1}, y^{t+1} \mid V)}} \times$$

$$\sqrt{\left[\frac{D_o^t(x^{t+1}, y^{t+1} \mid C)}{D_o^t(x^{t+1}, y^{t+1} \mid V)} \middle/ \frac{D_o^t(x^t, y^t \mid C)}{D_o^t(x^t, y^t \mid V)}\right] \times \left[\frac{D_o^{t+1}(x^{t+1}, y^{t+1} \mid C)}{D_o^{t+1}(x^{t+1}, y^{t+1} \mid V)} \middle/ \frac{D_o^{t+1}(x^t, y^t \mid C)}{D_o^{t+1}(x^t, y^t \mid V)}\right]}$$

$$= TEC^{t, t+1} \times TP^{t, t+1} \times SE^{t, t+1}$$

$$(6-7)$$

本书采用 Ray 等（1997）提出的公式，计算 DEA-Malmquist 指数并分解得到 TEC、TP 和 SE。

### 6.2.2 考虑气候因素的改进

由于旨在研究气候因素对农业 TFP 的影响，参考汪言在等（2017）以及高鸣（2018）等学者的相关做法，本章同时计算考虑与未考虑气候因素作为投入要素的农业 TFP，考虑气候要素的 DEA-Malmquist 指数及其分解计算式为：

$$M(x^t, y^t, w^t, x^{t+1}, y^{t+1}, w^{t+1})$$

$$= \frac{D_o^{t+1}(x^{t+1}, y^{t+1}, w^{t+1} \mid V)}{D_o^t(x^t, y^t, w^t \mid V)} \times \sqrt{\frac{D_o^t(x^t, y^t, w^{t+1} \mid V)}{D_o^{t+1}(x^t, y^t, w^t \mid V)} \times \frac{D_o^t(x^{t+1}, y^{t+1}, w^{t+1} \mid V)}{D_o^{t+1}(x^{t+1}, y^{t+1}, w^{t+1} \mid V)}}$$

$$\times \sqrt{\left[\frac{D_o^t(x^{t+1}, y^{t+1}, w^{t+1} \mid C)}{D_o^t(x^{t+1}, y^{t+1}, w^{t+1} \mid V)} \middle/ \frac{D_o^t(x^t, y^t, w^t \mid C)}{D_o^t(x^t, y^t, w^t \mid V)}\right]}$$

$$\times \sqrt{\left[\frac{D_o^{t+1}(x^{t+1}, y^{t+1}, w^{t+1} \mid C)}{D_o^{t+1}(x^{t+1}, y^{t+1}, w^{t+1} \mid V)} \middle/ \frac{D_o^{t+1}(x^t, y^t, w^t \mid C)}{D_o^{t+1}(x^t, y^t, w^t \mid V)}\right]}$$

$$= TEC^{t,t+1} \times TP^{t,t+1} \times SE^{t,t+1} \tag{6-8}$$

其中，$w^t$ 和 $w^{t+1}$ 为第 $t$ 和 $t+1$ 期气候要素变量。本章采用考虑与未考虑气候变量计算所得指数的差值来反映气候变化对农业 TFP 的影响：

$$\Delta M = M^+ - M \tag{6-9}$$

$$v = \frac{\Delta M}{M} \times 100 \tag{6-10}$$

其中，$M$ 为不考虑气候要素计算所得的传统 DEA-Malmquist 指数，$M^+$ 为考虑气候要素计算所得的气候 DEA-Malmquist 指数，$\Delta M$ 为两者的差值，$v$ 表示考虑气候因素后 DEA-Malmquist 指数的百分比变动程度。

## 6.3 变量与数据

### 6.3.1 变量设置

**（1）产出变量**

本书采用两个指标表征产出变量。第一是农业产值，即以货币表现的农林、牧、渔业全部产品和对农、林、牧、渔业生产活动提供各种支持性服务活动的价值总量，它反映一定时期内农、林、牧、渔业的生产总规模和总成果，本书用 1996 年不变价格表示各县（自治县、区、市）的农林牧渔业总产值；第二是粮食总产量，指所有农业生产经营者在一年内生产的全部粮食数量。

**（2）投入变量**

根据传统农业生产函数设定，本书中的投入变量包括土地、劳动力、机械动力、化肥以及有效灌溉5项。土地投入一般以耕地面积和农作物播种面积表示，为了反映改种、补种、复种、套种等情况以及考虑在非耕地上播种的农作物，本书以农作物播种面积代表土地投入；劳动力投入以第一产业就业人数表示，该指标含义较广，既包括直接参与农业生产的劳动力数量，也包含从事农业支持性服务活动的群体，与农业产值指标相对应；机械动力投入指标为农业机械总动力，即用于农业生产的农用机械动力总和，按照引擎马力或电机功率转换成统一单位后加总；化肥投入以实际生产中的化肥施用折纯总量表示；有效灌溉指当年实际有效灌溉面积，即在一般年景下能够正常灌溉的耕地总面积。

**（3）气候变量**

本书采用气温、降水和日照三大主要气象要素作为气候变量指标。在农业气象学种中，生长期有效积温水平是影响农作物生长的重要因素，因此气候与农业相关研究一般以有效积温表征气温因素。但在本章研究中，产出变量为农业综合指标（农业总产值和粮食总产量），无法细分农作物品种来计算出精确的生长期有效积温，因此本章以全年平均气温大致表征所有农作物生长期内的气温状况。同理，降水和日照分别以全年累计降水量和日照时长表示。

## 6.3.2 数据来源

本章使用的各县（自治县、市、区）农业总产值、粮食总产量等农业产出数据以及农作物播种面积、第一产业就业人数、农业机械总动力、化肥施用总量和有效灌溉面积等农业投入数据，均来自《浙江统计年鉴》"县域经济指标"条目和浙江省下辖11个地级市年鉴中的"分县（区、市）指标"条目，时间跨度为1996—2015年。个别确实数据以该项指标前后年份的平均值代替。

## 6.3.3 描述性统计

浙江各县（自治县、区、市）农业产出、投入以及气候变量描述性统计结果见表6.1。

**表 6.1　样本描述性统计**

| 变量 | 均值 | 标准差 | 最小值 | 最大值 |
|---|---|---|---|---|
| 产出 | | | | |
| 　农业总产值/万元 | 10.64 | 9.620 2 | 0.466 | 103.54 |
| 　粮食总产量/万吨 | 14.23 | 10.47 | 22 | 621.66 |
| 投入 | | | | |
| 　农作物播种面积/万公顷 | 13.846 | 86.904 | 0.02 | 19.23 |
| 　农业就业人数/万人 | 10.95 | 5.976 | 1 | 42.3 |
| 　农业机械总动力/万千瓦 | 31.57 | 24.89 | 2.402 | 209.7 |
| 　化肥施用总量/万吨 | 1.372 | 1.004 | 0.018 | 7.184 |
| 　有效灌溉面积/万公顷 | 2.151 | 1.820 | 1 | 34.58 |
| 气候 | | | | |
| 　年均气温/℃ | 17.816 | 0.849 | 15.9 | 21.6 |
| 　年均降水量/毫米 | 1 473.76 | 324.05 | 790.6 | 2 559.6 |
| 　年均日照时长/小时 | 1 728.39 | 201.50 | 1 098.6 | 2 277.7 |

从农业产出和投入两类指标中可以发现，各县（自治县、区、市）各项指标的最大值与最小值差距较大。事实上，浙江省内由杭州、湖州、嘉兴 3 地构成的杭嘉湖平原，由宁波、绍兴构成的宁绍平原，以及由金华、丽水、衢州部分地区构成的金丽衢盆地土壤肥沃、地势平坦、水热资源丰富，农业种植业发展水平较高，而在省内沿海地区，特别是舟山地区，其下辖的定海区、岱山县和嵊泗县，岛屿众多，可耕土壤资源匮乏，海洋渔业是主要的农业资源，种植业发展水平较低，因此传统的农业投入和产出指标也相应较低，各项指标的最小值均来自舟山地区。从气候变量来看，浙江各地区年均气温差距不大，年均降水量和年均日照时长存在较大幅度波动，年均降水量最大值是最小值的 3 倍有余，日照时长最多的地区年均日照时长比最少的地区多了 1 倍。

## 6.4　结果及讨论

使用 DEAP2.1 数据包络分析软件包，得到结果如下。

### 6.4.1　全省农业 TFP 分解及其变化趋势

浙江 1996—2015 年全省农业 TFP 指数及其分解见表 6.2，每项指数第 1 列和第 2 列分别为传统未考虑气候变量的和考虑气候变量的计算结果，第 3 列为考虑气候变量后指数的百分比变动程度。

表6.2 浙江农业 TFP 分解及其变化趋势

| 年份 | TFP指数 | | | 技术效率指数 | | | 技术进步指数 | | | 规模效率指数 | | |
|---|---|---|---|---|---|---|---|---|---|---|---|---|
| | 传统 | 气候 | 变动 | 传统 | 气候 | 变动 | 传统 | 气候 | 变动 | 传统 | 气候 | 变动 |
| 1996—1997 | 0.962 | 0.969 | 0.73 | 0.984 | 0.992 | 0.81 | 0.978 | 0.977 | -0.10 | 0.995 | 0.995 | 0.00 |
| 1997—1998 | 1.041 | 1.020 | -2.02 | 1.004 | 1.009 | 0.50 | 1.037 | 1.011 | -2.51 | 1.009 | 1.010 | 0.10 |
| 1998—1999 | 0.981 | 0.948 | -3.36 | 0.997 | 0.998 | 0.10 | 0.984 | 0.950 | -3.46 | 0.993 | 0.995 | 0.20 |
| 1999—2000 | 0.963 | 0.962 | -0.01 | 0.997 | 0.990 | -0.70 | 0.966 | 0.973 | 0.72 | 0.999 | 0.993 | -0.60 |
| 2000—2001 | 0.975 | 0.941 | -3.49 | 1.013 | 1.016 | 0.30 | 0.962 | 0.926 | -3.74 | 1.009 | 1.013 | 0.40 |
| 2001—2002 | 0.928 | 0.874 | -5.82 | 0.999 | 0.989 | -1.00 | 0.929 | 0.884 | -4.84 | 1.002 | 0.997 | -0.50 |
| 2002—2003 | 0.986 | 1.072 | 8.72 | 0.993 | 0.992 | -0.10 | 0.993 | 1.081 | 8.86 | 0.998 | 0.995 | -0.30 |
| 2003—2004 | 1.110 | 1.086 | -2.16 | 1.002 | 1.008 | 0.60 | 1.108 | 1.078 | -2.71 | 0.998 | 1.003 | 0.50 |
| 2004—2005 | 1.007 | 0.993 | -1.39 | 0.993 | 0.998 | 0.50 | 1.014 | 0.996 | -1.78 | 1.002 | 0.999 | -0.30 |
| 2005—2006 | 1.065 | 1.073 | 0.75 | 1.011 | 1.002 | -0.89 | 1.054 | 1.070 | 1.52 | 1.002 | 1.003 | 0.10 |
| 2006—2007 | 0.995 | 0.974 | -2.11 | 0.982 | 0.983 | 0.10 | 1.013 | 0.991 | -2.17 | 0.999 | 0.986 | -1.30 |
| 2007—2008 | 1.197 | 1.188 | -0.75 | 1.021 | 1.020 | -0.10 | 1.173 | 1.165 | -0.68 | 1.001 | 1.013 | 1.20 |
| 2008—2009 | 0.928 | 0.929 | 0.11 | 0.993 | 0.992 | -0.10 | 0.935 | 0.937 | 0.21 | 0.999 | 0.990 | -0.90 |
| 2009—2010 | 1.104 | 1.078 | -2.36 | 0.996 | 0.998 | 0.20 | 1.109 | 1.081 | -2.52 | 1.000 | 1.000 | 0.00 |
| 2010—2011 | 1.064 | 1.108 | 4.14 | 0.999 | 0.997 | -0.20 | 1.065 | 1.111 | 4.32 | 0.994 | 0.992 | -0.20 |
| 2011—2012 | 1.063 | 1.016 | -4.42 | 1.003 | 1.003 | 0.00 | 1.060 | 1.013 | -4.43 | 1.004 | 1.004 | 0.00 |
| 2012—2013 | 1.019 | 1.007 | -1.18 | 0.988 | 0.988 | 0.00 | 1.032 | 1.019 | -1.26 | 0.998 | 0.992 | -0.60 |
| 2013—2014 | 1.030 | 0.988 | -4.08 | 1.001 | 1.000 | -0.10 | 1.029 | 0.988 | -3.98 | 0.999 | 1.004 | 0.50 |
| 2014—2015 | 1.033 | 1.009 | -2.32 | 1.001 | 1.001 | 0.00 | 1.032 | 1.008 | -2.33 | 0.999 | 0.995 | -0.40 |
| 均值 | 1.024 | 1.010 | -1.37 | 0.999 | 0.999 | 0.00 | 1.025 | 1.011 | -1.37 | 1.000 | 0.999 | -0.10 |

从 TFP 指数来看，传统计算结果在 0.928～1.197 波动，最低值出现在 2001—2002 年和 2008—2009 年，最高值出现在 2007—2008 年；在 19 个样本年份内，有 11 个年份 TFP 指数值大于 1，表明这些年份相较于上一年份，农业 TFP 有所增长，8 个年份 TFP 指数小于 1，表明这些年份的农业 TFP 较上一年份有所下降。从 TFP 指数变化趋势来看，1996—2015 年浙江农业 TFP 指数平均值为 1.024，表明在这 20 年中，浙江农业 TFP 有所增加，年均增长率为 2.4%，但分阶段看，农业 TFP 的变化存在明显差异。在 2003 年及以前，浙江农业 TFP 指数基本位于 1 以下，平均值仅有 0.977，意味着在 1996—2003 年，浙江农业 TFP 呈现较为连续的下降趋势，年均下降幅度在 2.3%左右；而在 2003 年之后的 12 年中，浙江农业 TFP 指数值仅有 2006—2007 年和 2008—2009 年小于 1，平均值达 1.051，表明进入 2004 年之后，浙江农业 TFP 出现较为明显的连续增长，年均增加幅度超过 5%。相较于不考虑气候变量的传统 TFP 指数，浙江气候 TFP 指数发生了一定变化。从整体上看，1996—2015 年浙江气候 TFP 指数均值为 1.010，较传统 TFP 指数下降 1.37%，意味着忽略气候因素可能会高估浙江的农业 TFP。分年份来看考虑气候变量后 TFP 指数的变动百分比，有 14 个年份的变动百分比为负值，表明在大多数年份中，气候因素不利于浙江省农业生产，对农业 TFP 有负面影响，其中，2001—2002 年气候影响程度最严重，气候 TFP 指数较传统 TFP 指数下降了 5.82%，2011—2012 年和 2013—2014 年的下降比例超过 4%；有 5 个年份的变动百分比为正值，在这些年份中，气候因素有利于浙江农业生产，促进农业 TFP 提高，其中，2002—2003 年气候 TFP 指数达 1.072，较当年传统 TFP 指数提高了 8.72%。

进一步观察 TFP 指数分解后得到的技术效率指数、技术进步指数和规模效率指数，可以发现，技术效率指数和规模效率指数基本在 1 附近波动，且波动幅度较小，TFP 指数的变化主要来自技术进步指数的波动。1996—2015 年，浙江农业 TFP 技术效率指数和规模效率指数均值分别为 0.999 和 1，技术进步指数达 1.025，表明技术效率和规模效率基本未发生变化，技术进步程度有所增强，意味着浙江农业生产前沿面有一定提升，但是实际生产与前沿面之间的相对距离变动不大，即浙江农业 TFP 增长主要源自技术进步带来的生产前沿面提升，而不是实际生产中技术效率的改善（或对生产前沿面的追赶）。在考虑气候因素后，上述结论同样成立。气候因素对浙江农业 TFP 技术效率指数和规模效率指数的影响大致在−1%～1%，均值分别为 0%和−0.1%，对技术进步指数的影响在−4.84%～8.86%，均值达−1.37%。分年份来看气候因素对浙江农业 TFP 技术进步指数的影响，有 14 个年份呈现负面影响，表明大多数年份中，气候因素不利于浙江农业技术进步和农业生产前沿面提升，其中，2001—2002 年气候影响程度最严重，气候技术进步指数较传统技术进步指数下降了 4.84%，

2011—2012 年的下降比例超过 4%；有 5 个年份呈现积极影响，在这些年份中，气候因素有利于浙江农业技术进步，能够促进农业生产前沿面提升，其中，2002—2003 年气候 TFP 指数达 1.081，较当年传统 TFP 指数提高了 8.86%。另外，通过对比气候因素对浙江农业 TFP 指数和技术进步指数的影响程度发现，除个别年份（1996—1997 年和 1999—2000 年），气候因素对 TFP 指数和技术进步指数的影响方向相同，影响程度相似，考虑气候因素后，样本期内指数变动百分比均值均为 1.37%。上述结果表明，气候因素对浙江农业 TFP 的影响，主要源自其对农业生产技术进步的影响，同时也意味着气候因素能够影响浙江农业生产的前沿面，且总体来看这种影响是负面的。

## 6.4.2 分地区农业 TFP 分解及其变化趋势

浙江各地级市 1996—2015 年平均农业全要素生产率指数及其分解见表 6.3，地级市各项指数值均为其下辖县（自治县、区、市）相对应指数平均值，用来大致反映不同地区之间的差异。从地区农业 TFP 指数来看，浙江 11 个地级市中，杭州、宁波、嘉兴、湖州、绍兴、金华、衢州和丽水 8 个地区的农业 TFP 指数大于 1，表明在样本期间内，这 8 个地区的农业 TFP 呈现一定的增加趋势，平均增长率在 1.9%～9%；温州、舟山和台州地区的农业 TFP 指数均小于 1，意味着这 3 个地区的农业 TFP 在 1996—2015 年有所下降，平均下降率分别为 2.1%、2.6% 和 0.2%。由杭州、湖州、嘉兴 3 地构成的杭嘉湖平原，由宁波、绍兴构成的宁绍平原，以及由金华、丽水、衢州部分地区构成的金丽衢盆地土壤肥沃、地势平坦、水热资源丰富，农业种植业发展水平较高，有利于农业 TFP 水平提高；温州、舟山和台州等沿海地区，岛屿众多，可耕土壤资源匮乏，先天条件限制了农业 TFP 增长。考虑气候因素后，除了衢州地区气候 TFP 指数较传统 TFP 指数上升以外，其余 10 个地区气候 TFP 指数均低于传统 TFP 指数，其中，嘉兴地区 TFP 指数下降幅度最大，考虑气候因素后 TFP 指数变动程度达 3.19%，宁波地区达 2.57%，杭州、湖州、绍兴和金华等地降幅超 1%；丽水地区下降幅度最低，为 0.08%，温州、舟山和台州等沿海地区的降幅均在 0.5% 以下。总体来看，气候因素不利于浙江各地区农业 TFP 增长，各地区受影响程度存在差异，杭州等平原地区农业 TFP 受影响程度大于温州沿海地区以及衢州和丽水等多山地丘陵的地区，造成这一现象的原因可能是：一方面，杭嘉湖平原、宁绍平原等地区连片大面积的农田多于沿海地区或丘陵地区，而大片农田农作物对气温、降水等气候因素的变化更敏感，同样的气候变化程度可能对大片农作物生产的影响更大；另一方面，平原地区农作物生产专业化程度较高，农户在遇到可能影响农作物生产的天气变化时，更有可能投入比其他地区农户多的化肥、机械动力等生产要素以保证

112

表 6.3　分地区农业 TFP 分解

| 地区 | TFP 指数 | | | 技术效率指数 | | | 技术进步指数 | | | 规模效率指数 | | |
|---|---|---|---|---|---|---|---|---|---|---|---|---|
| | 传统 | 气候 | 变动 | 传统 | 气候 | 变动 | 传统 | 气候 | 变动 | 传统 | 气候 | 变动 |
| 杭州 | 1.063 | 1.044 | −1.79 | 1.000 | 1.000 | 0.00 | 1.062 | 1.044 | −1.69 | 1.000 | 1.000 | 0.00 |
| 宁波 | 1.090 | 1.062 | −2.57 | 1.000 | 1.000 | 0.00 | 1.090 | 1.062 | −2.57 | 1.000 | 1.000 | 0.00 |
| 嘉兴 | 1.036 | 1.003 | −3.19 | 1.000 | 1.000 | 0.00 | 1.036 | 1.003 | −3.19 | 1.000 | 1.000 | 0.00 |
| 湖州 | 1.019 | 1.006 | −1.28 | 1.000 | 1.000 | 0.00 | 1.019 | 1.006 | −1.28 | 1.000 | 1.000 | 0.00 |
| 绍兴 | 1.034 | 1.017 | −1.64 | 1.000 | 1.000 | 0.00 | 1.034 | 1.017 | −1.64 | 1.000 | 1.000 | 0.00 |
| 金华 | 1.008 | 0.982 | −1.80 | 0.997 | 0.997 | 0.00 | 1.010 | 0.992 | −1.78 | 1.000 | 0.991 | −0.90 |
| 衢州 | 1.032 | 1.034 | 0.19 | 0.998 | 0.998 | 0.00 | 1.034 | 1.036 | 0.19 | 0.998 | 0.998 | 0.00 |
| 温州 | 0.979 | 0.975 | −0.41 | 1.001 | 1.001 | 0.00 | 0.979 | 0.975 | −0.41 | 1.001 | 1.001 | 0.00 |
| 舟山 | 0.974 | 0.973 | −0.10 | 1.000 | 1.000 | 0.00 | 0.974 | 0.973 | −0.10 | 1.000 | 1.000 | 0.00 |
| 台州 | 0.998 | 0.995 | −0.30 | 0.994 | 0.994 | 0.00 | 1.005 | 1.002 | −0.30 | 1.000 | 0.995 | −0.50 |
| 丽水 | 1.021 | 1.020 | −0.08 | 1.003 | 1.003 | 0.00 | 1.018 | 1.017 | 0.08 | 1.003 | 1.003 | 0.00 |
| 均值 | 1.024 | 1.010 | −1.37 | 0.999 | 0.999 | 0.00 | 1.025 | 1.011 | −1.37 | 1.000 | 0.999 | −0.10 |

产量，而在产量增长有限的前提下，投入的增加并不利于农业 TFP 增长。

进一步观察各地区农业 TFP 指数分解后得到的技术效率指数、技术进步指数和规模效率指数，可以发现，技术效率指数和规模效率指数基本在 1 左右，TFP 指数的变化主要来自技术进步指数的波动。气候因素对各地区农业 TFP 技术效率指数和规模效率指数的影响基本为 0，因此，气候因素对各地区农业 TFP 的影响源自其对各地区技术进步指数的影响。与表 6.3 结论类似，气候因素对浙江各地区农业生产技术效率影响不大，但对各地区农业生产的前沿面有一定负面影响，不利于各地区农业生产技术进步和生产前沿面提升。

利用 Arcgis10.2 地理信息系统分析软件，分析浙江各县（自治县、区、市）1997—2000 年、2001—2005 年、2006—2010 年、2011—2015 年气候因素对农业 TFP 指数影响的变动程度。结果表明，随着时间推移，气候因素对农业 TFP 的负面影响逐渐增强。1997—2000 年，气候因素有利于近一半的县的农业 TFP 增长，到 2011—2015 年，气候因素已经对超过 60 个县（自治县、区、市）的农业 TFP 造成消极影响。

## 6.5 本章小结

本章利用《浙江统计年鉴》和浙江 11 个地级市统计年鉴提供的县级农业投入与产出数据，以及中国气象数据网提供的浙江 17 个气象观测站逐日地面气象观测资料，构建了 1996—2015 年浙江县级主要农作物生产与气象面板数据集，利用 DEA-Malmquist 指数方法和 DEAP2.1 软件包，分别计算和分解了浙江各地区未考虑气候变量的传统农业 TFP 和考虑气候变量的气候农业 TFP，并以两者的差值表示气候因素对农业 TFP 的影响，得到如下研究结论。

从全省层面看，1996—2015 年浙江农业 TFP 存在一定增长趋势，年均增长率为 2.2%。不过这种增长趋势并非始终存在，1996—2003 年浙江农业 TFP 指数大部分小于 1，平均值仅为 0.977，在 2003—2015 年，农业 TFP 指数才开始明显提高，平均值达 1.051，这表明 2003 年之后，浙江农业进入快速发展阶段。考虑气候变化因素后，1996—2015 年浙江气候农业 TFP 指数平均值为 1.010，较不考虑气候变化因素的传统农业 TFP 指数平均值下降 1.37%，而且大多数年份的气候农业 TFP 指数值低于传统农业 TFP 指数值，这意味着大多数年份中的气候因素不利于浙江农业生产，气候变化对农业 TFP 存在负面影响，忽略气候因素可能会高估浙江农业 TFP。农业 TFP 指数分解结果进一步表明，农业 TFP 指数的变化主要来源于技术进步指数的变化，而且气候变化因素对农业 TFP 的影响也主要源自其对农业生产技术进步的影响，因此，生产前沿面提升是推动浙江农业 TFP 增长的主要动力，但气候变化对前沿面提升存在不利影响。

　　从地区层面看，1996　2015 年浙江绝大多数地区农业 TFP 有所增长，但在考虑气候变化因素后，除衢州以外的各地区农业 TFP 指数值均有不同程度下降，这说明气候变化不利于各地区农业 TFP 增长。这种负面影响程度在各地区间存在较为明显的差异，杭州、嘉兴等平原地区的农业 TFP 受影响程度大于温州、舟山沿海地区以及衢州和丽水等多山地丘陵的地区。气候变化因素虽然对各地区农业生产技术效率影响不大，但总体上不利于各地区农业生产技术进步和生产前沿面提升。除此之外，分时段的研究表明，气候变化对浙江各地区农业 TFP 的负面影响随着时间推移，呈现覆盖面扩大、程度增强的趋势，预计未来气候变化很可能会继续加深这一不利影响。

# CHAPTER 7

# 结论与启示

　　本书在全面综述国内外相关研究的基础上，基于 1987—2016 年气候数据，采用气候倾向率和 Mann-Kendell 气候突变检验等气候统计学方法，刻画了 1987—2016 年浙江气温、降水量和日照三大气候要素的变化特征；然后运用 H－P 滤波分析技术，将浙江水稻（早稻、中晚稻）、小麦、玉米、大麦、大豆、薯类和油菜的单位面积产量分解为趋势单产和气候单产，并根据相对气候产量、平均减产率和减产变异系数等指标分析气候变化对浙江主要农作物生产波动的影响。在此基础上，基于 1996—2015 年全省 73 个县（自治县、区、市）的农业投入产出数据和 17 个地面气象观测站的气候数据，采用空间计量经济学模型方法，构建了包含气候要素、社会经济要素和生产投入要素的空间误差模型，实证分析气温、降水和日照等气候因素变化，以及极端高温（低温）和极端降水等极端气候事件对浙江 8 种主要农作物生产的边际影响。进一步地，基于全要素生产率理论，运用 DEA-Malmquist 方法，实证估计了考虑气候要素变化情况下的浙江农业全要素生产率及其技术进步指数、技术效率和规模效率，并对比分析不考虑气候要素变化情况下的浙江农业全要素生产率，以反映气候变化对浙江农业全要素生产率的影响。本章是本书的终章，具体内容安排如下：7.1 节总结了本书主要研究结论；7.2 节在主要研究结论的基础上提出相关政策建议；7.3 节指出本书的不足之处，并展望了下一步研究的方向。

## 7.1　主要研究结论

　　第一，气温升高已经成为浙江 1987—2016 年气候变化的主要特征，增温速率达 0.42℃/10 年，高于全国平均水平。降水量和日照时长的均值无明显变化，但存在年际间的波动和分地区、分季节的差异。气温方面，绍兴地区增温趋势最明显，全省春、夏、秋三季平均气温也显著提高；降水方面，宁波和嘉兴地区降水倾向率最高，全省春季降水量呈增多趋势；日照方面，全省大部分地区全年日照时长存在小幅减少态势，但春季日照时数有所增加。

第二，1987—2016 年气候变化对浙江农作物单产波动的影响利弊共存，既有气候丰年，也有气候歉年甚至灾年，不同农作物所受的影响程度存在明显差异。水稻（早稻、中晚稻）遭遇的气候歉年和灾年次数最少，平均减产最少，受气候变化冲击影响较小。而玉米、小麦、大麦和油菜等旱田作物遇到的气候灾年数量较多，气候平均减产率较高，减产变异系数也高于其他作物，受气候变化冲击影响较大。此外，1987—2016 年浙江 8 种主要农作物趋势单产均存在上升趋势，但大多数作物的增产趋势存在一定的放缓迹象。

第三，气候变化对农作物单产存在比较明显的影响，且不同气候要素和不同农作物之间存在明显差异。生长期有效积温对早稻、中晚稻、小麦和油菜这 4 种农作物单产的影响呈现先上升、后下降的倒"U"形态势，而且生长期有效积温水平尚未到达倒"U"形的顶点，气温每升高 1℃，这 4 种作物分别增产 3.61%～4.42%、2.95%～3.64%、3.12%～3.63% 和 1.14%～2.18%，未来气候变暖可能有利于这 4 种农作物继续增产。有效积温对玉米和大豆单产的影响显著为负，但减产幅度有限，气温每升高 1℃，这两种农作物将减产 0.33%～0.42% 和 0.79%～1.14%。生长期降水量对小麦、大麦、薯类和大豆这 4 种农作物单产的影响呈现先上升、后下降的倒"U"形态势，而且生长期降水量还没到达倒"U"形的顶点，降水量每增加 100 毫米，这 4 种农作物分别增产 0.47%、0.37%～0.51%、7.38%～8.38% 和 0.81%～1.39%，未来若降水量提高，这 4 种农作物仍有进一步增产的潜力。生长期降水量对早稻、中晚稻和玉米这 3 种农作物单产的影响显著为负，降水量每增加 100 毫米，这 3 种农作物分别减产 1.49%～1.71%、1.20%～1.56 和 1.77%～5.13%。生长期日照时长对所有农作物单产的影响均不显著。

第四，极端气候事件对农作物单产影响非常明显。极端高温对早稻、中晚稻、玉米、薯类和大豆单产水平均有显著影响，其中，早稻和中晚稻受影响最严重，极端高温天数每增加 1 天，早稻和中晚稻分别减产 3.91%～5.08% 和 2.34%～2.78%。极端低温对小麦、大麦和油菜籽单产水平有显著影响，其中，对油菜籽的影响最大，极端低温天数每增加 1 天，油菜籽减产 0.53%～0.79%。极端降水对 8 种农作物单产水平均有明显负面影响，由于早稻、中晚稻等农作物的生长期内极端降水频次较高，这些农作物的生产累积受极端降水影响较大，其中，中晚稻减产幅度较高，平均每年因受生长期内极端降水影响而减产 14.148～17.642 千克/亩，早稻和薯类的减产幅度也在 7 千克/亩以上，小麦、大麦和油菜等越冬作物的减产幅度相对较小。

第五，自然适应和人为适应能够在一定程度上缓解气候变化对农作物生产带来的影响。农作物自然适应气候变化的主要途径是适应气温和降水的变化，对日照的变化则不敏感。大部分生产投入和气候要素之间存在一定替代关系，化肥投入和有效灌溉比例对气候要素变化的敏感程度弱于机械投入，积温和降水与各项生产投入要素的交叉项系数值和显著性均高于日照与生产投入要素的交叉项系数，意味着对气温和降水的适应也是人为适应的核心。

第六，忽略气候因素可能会高估浙江农业 TFP，而且大多数年份中的气候因素不利于浙江农业生产，气候变化对农业 TFP 有负面影响；气候因素对浙江农业 TFP 的影响主要源自其对农业生产技术进步的影响，气候变化因素对浙江农业生产前沿面存在负面影响。从地区层面看，杭州、嘉兴等平原地区的农业 TFP 受影响程度大于温州、舟山沿海地区以及衢州和丽水等多山地丘陵的地区；气候因素虽然对各地区农业生产技术效率影响不大，但总体上不利于各地区农业生产技术进步和生产前沿面提升。除此之外，分时段的研究表明，气候因素对浙江各地区农业 TFP 的负面影响随着时间推移呈现覆盖面扩大、程度增强的趋势，未来气候变化可能会加大这一不利影响。

## 7.2 政策启示

### (1) 调整作物种植结构，促进农业稳产增产

研究结果表明，以气候变暖为主要特征的气候变化对浙江主要农作物生产的影响较为显著。其中，生长期有效积温提高有利于水稻（早稻、中晚稻）、小麦和油菜这 4 种作物增产，但会使玉米、薯类和大豆面临减产风险。气候单产波动性的研究结果也表明，1987—2016 年的气候冲击对水稻（早稻、中晚稻）的影响较小，对其他作物的影响较大。这意味着如果浙江继续坚持以水稻为主的农业种植结构，特别是提高中晚稻的种植比重，将有助于浙江农业生产在未来气候变化条件下，更积极、有效地利用气候变暖带来的额外热量资源，从而实现农业的稳产与增产，确保省内粮食供给安全。

### (2) 改进田间管理技术，缓解极端天气影响

研究结果表明，极端高温、极端低温以及极端降水等对浙江农作物生产的影响十分明显，大多数农作物受短期气候条件冲击的负面影响也比较明显，旱田作物的气候歉年和灾年数较多，平均减产率较高。浙江气候变化特征分析指出，气候在持续变暖，降水波动幅度在增大，意味着未来浙江农业生产遭遇极端高温以及极端降水的可能性有所提高。应对极端天气最直接和有效的方式是改进田间管理技术，比如优化农田排灌设施，以解决极端高温条件下农田水分流失过快和极端降水条件下农田排水不畅等问题。另外，在农业热量资源增加、农作物生长季延长的条件下，可以适当灵活安排农作物的播种期，尽可能使农作物关键的生长发育期避开极端高温和极端降水高发的时间段，以保证农作物顺利发育、结实。

**（3）加强农业技术培训，提高农户适应能力**

研究结果表明，考虑非气候变量或添加包含非气候变量的人为适应交叉项后，气候变化对农作物生产的影响程度有所降低，而气候变化对农业 TFP 的不利影响主要源自气候因素对农业技术水平的影响，阻碍了农业生产前沿面的进步。因此，加强对农户的农业技术指导与培训，通过引导农户科学安排作物播种与收获时间、合理配置农业生产要素投入、积极提供农田管理咨询服务等措施，一方面可以有效提高农户适应气候变化和抵抗风险的能力，减少气候因素带来的不利影响；另一方面也能够在一定程度上抵消气候变化对农业生产前沿面提升的阻碍作用，进一步提高农业生产能力和潜力。

**（4）完善气候预警机制，事先做好应对工作**

研究结果表明，浙江大部分农作物生产气候歉年数较多，灾年数比例也较高，极端气候事件对农业生产造成的影响不可忽视，由气候变化引起的短期突发性天气冲击对浙江农作物生产的影响较大。但是浙江囿于地理地形条件，无法像我国华北、东北等大平原地区一样开展大规模、集中化的农业生产模式，浙江农作物种植仍然以中、小规模为主，农户抵抗突发性气候风险的能力相对较低。因此，及时、准确的农业气象预报与预警机制，能够帮助浙江中、小规模农户提前准备预防措施，做好突发性气候风险的事前应对工作，从而减轻突发事件可能带来的损失。

# 7.3　研究不足与展望

受研究客观存在的条件限制和作者目前研究能力和范围有限等因素影响，本书的不足主要体现在以下 3 点。

第一，研究数据需要进一步细化和补充。一方面，本书所用气候数据为中国气象数据网提供的浙江 17 个地面气象观测站的数据，平均每 5 个县（自治县、区、市）分享 1 个地面气象观测数据，地区和气象站的匹配水平与大多数现有研究（陈帅等，2016）持平。事实上，浙江省内每一个县（自治县、区、市）气象部门都在辖区内设有若干地面气象观测站，较为精确地记录了辖区内的逐日气象数据。另一方面，本书所用的气象数据集仅包含气温、降水量和日照时长这三大主要气象指标，未包含湿度、风速以及太阳辐射水平等其他指标，然而已有研究表明，这些气象指标的遗漏，可能会使实证估计的结果出现偏差（Zhang et al.，2017）。除此之外，本书所用县级面板数据的时间跨度为 20 年，稍高于现有相关经济学类研究的时间跨度，但气候变化是一个长期过程，时间跨度长的数据有助于更清晰地揭示气候变化规律、更准确地评估气候变化的影响。因此，如果能获取尽可能长时间的农业生产、社会经济和气候条件数据和尽可能多的地面气象观测站数据，就可以使本书更加完整、全面。

第二，研究方法需要更着眼于未来预测。当前气候变化形势严峻，过去几十年气候变化带来的影响已成既定事实，只有了解未来气候如何变化以及对人类社会造成的影响及其程度，才有助于人们未雨绸缪，积极应对气候变化，减少气候变化带来的不利影响。在农业领域，预测未来气候变化的影响至少需要3方面的技术手段。首先，要熟悉不同农作物的生长机理，在大量实验和经验研究的基础上，构建适合不同作物的生长模型；其次，要了解气候变化的驱动因素、形成条件与发展趋势，能够在全球视角下模拟未来气候发生的变化；最后，要判断农业生产投入要素以及其他社会经济因素的变动情况，中国等发展中国家的农业生产技术不断提高，但也伴随着农业劳动人口、农用土地面积减少以及空气和土壤环境污染等问题，这些因素都影响到了农业生产水平的发展。因此，可能需要通过多维度、多学科的综合模型（比如不同农作物的生长模型与经济学可计算一般均衡模型结合而成的新模型组），对高质量的数据集进行分析才有可能实现准确预测未来气候变化对农业生产的影响。

第三，研究内容和视角需要继续深入和挖掘。本书虽然在面板数据实证研究中考虑了自然适应和认为适应这两种气候适应行为，但是所采用的指标仅是气候变量和其他生产投入变量的交叉项，而且这些投入变量没有区分作物品种，这既是现有研究的不足，也是本文研究的一个不足之处。为提高研究的规范性，应该采用微观层面的农户或农场数据，这能提供更多的和更准确的适应性行为信息。除此之外，本书对农业 TFP 的研究仅考虑了气候因素，尚未考虑农业生产的污染排放问题。若综合考虑气候因素和污染排放来研究农业 TFP 及气候变化对农业 TFP 的影响，可以进一步提升研究结果的科学性、可靠性。

上述 3 个问题，既是本书的不足，也是笔者未来的研究方向与重点。

# 参 考 文 献

蔡剑，姜东，2011. 气候变化对中国冬小麦生产的影响 [J]. 农业环境科学学报，30（9）：1726-1733.

车维汉，杨荣，2010. 技术效率、技术进步与中国农业全要素生产率的提高——基于国际比较的实证分析 [J]. 财经研究（3）：113-123.

陈强，2014. 高级计量经济学及 Stata 应用：第 2 版 [M]. 北京：高等教育出版社.

陈帅，2015. 气候变化对中国小麦生产力的影响——基于黄淮海平原的实证分析 [J]. 中国农村经济（7）：4-16.

陈帅，徐晋涛，张海鹏，2016. 气候变化对中国粮食生产的影响——基于县级面板数据的实证分析 [J]. 中国农村经济（5）：2-15.

陈卫平，2006. 中国农业生产率增长、技术进步与效率变化：1990—2003 年 [J]. 中国农村观察（1）：18-23.

陈星，2014. 现代气候学基础 [M]. 南京：南京大学出版社.

程琨，潘根兴，李恋卿，等，2011. 中国稻作与旱作生产的气象减产风险评价 [J]. 农业环境科学学报，30（9）：1764-1771.

崔读昌，1995. 气候变暖对水稻生育期影响的情景分析 [J]. 应用气象学报，6（3）：361-365.

崔静，王秀清，辛贤，等，2011. 生长期气候变化对中国主要粮食作物单产的影响 [J]. 中国农村经济（9）：13-22.

代姝玮，杨晓光，赵孟，等，2011. 气候变化背景下中国农业气候资源变化Ⅱ. 西南地区农业气候资源时空变化特征 [J]. 应用生态学报，22（2）：442-452.

戴彤，王靖，赫迪，等，2016. 基于 APSIM 模型的气候变化对西南春玉米产量影响研 [J]. 资源科学，38（1）：155-165.

第三次气候变化国家评估报告编委会，2016. 第三次气候变化国家评估报告 [M]. 北京：科学出版社.

杜瑞英，杨武德，许吟隆，等，2006. 气候变化对我国干旱/半干旱区小麦生产影响的模拟研究 [J]. 生态科学（1）：34-37.

杜文献，2011. 气候变化对农业影响的研究进展——基于李嘉图模型的视角 [J]. 经济问题探索（1）：154-159.

段居琦，周广胜，2013. 我国双季稻种植分布的年代际动态 [J]. 科学通报，58（13）：1213-1220.

房世波，2011. 分离趋势产量和气候产量的方法探讨 [J]. 自然灾害学报，20（6）：13-18.

房世波，谭凯炎，任三学，等，2012.气候变暖对冬小麦生长和产量影响的大田实验研究
　　［J］.中国科学：地球科学，42（7）：1069-1075.

付明辉，祁春节，2016.要素禀赋、技术进步偏向与农业全要素生产率增长——基于28个
　　国家的比较分析［J］.中国农村经济（12）：76-90.

高帆，2015.我国区域农业全要素生产率的演变趋势与影响因素——基于省际面板数据的
　　实证分析［J］.数量经济技术经济研究（5）：3-19.

高焕晔，王三根，宗学凤，等，2012.灌浆结实期高温干旱复合胁迫对稻米直链淀粉及蛋
　　白质含量的影响［J］.中国生态农业学报，20（1）：40-47.

高鸣，2018.气候变化下的农业生产率再估计［J］.中国软科学（9）：26-39.

葛鹏飞，王颂吉，黄秀路，2018.中国农业绿色全要素生产率测算［J］.中国人口·资源
　　与环境（5）：66-74.

顾治家，白致威，段兴武，等，2015.环境因子对山区粮食气候产量的影响——以云南省
　　为例［J］.中国农业气象，36（4）：497-505.

郭佳，张宝林，高聚林，等，2019.气候变化对中国农业气候资源及农业生产影响的研究
　　进展［J］.北方农业学报（1）：105-113.

国家气候中心，中国社会科学院，2015.气候变化绿皮书：应对气候变化报告（2015）
　　［M］.北京：社会科学文献出版社.

国家气候中心，中国社会科学院，2018.气候变化绿皮书：应对气候变化报告（2018）
　　［M］.北京：社会科学文献出版社.

何为，刘昌义，刘杰，等，2015.气候变化和适应对中国粮食产量的影响——基于省级面
　　板模型的实证研究［J］.中国人口·资源与环境（S2）：248-253.

贺亚琴，2016.气候变化对中国油菜生产的影响研究［D］.武汉：华中农业大学.

胡琦，潘学标，邵长秀，等，2014.1961—2010年中国农业热量资源分布和变化特征［J］.
　　中国农业气象，35（2）：119-127.

纪瑞鹏，张玉书，姜丽霞，等，2012.气候变化对东北地区玉米生产的影响［J］.地理研
　　究，31（2）：290-298.

姜会飞，廖树华，丁谊，等，2006.基于马尔柯夫过程和概率分布特征的粮食产量预测
　　［J］.中国农业气象（4）：269-272.

矫梅燕，2014.气候变化对中国农业影响评估报告［M］.北京：社会科学文献出版社.

解伟，魏玮，崔琦，2019.气候变化对中国主要粮食作物单产影响的文献计量Meta分析
　　［J］.中国人口·资源与环境，29（1）：79-85.

居辉，熊伟，许吟隆，等，2005.气候变化对我国小麦产量的影响［J］.作物学报（10）：
　　1340-1343.

雷秋良，徐建文，姜帅，等，2014.气候变化对中国主要作物生育期的影响研究进展［J］.
　　中国农学通报，30（11）：205-209.

李谷成，2014.中国农业的绿色生产率革命：1978—2008年［J］.经济学（季刊），13
　　（2）：537-558.

李克南，杨晓光，慕臣英，等，2013.全球气候变暖对中国种植制度可能影响Ⅷ——气候变

化对中国冬小麦冬春性品种种植界限的影响 [J]. 中国农业科学, 46 (8): 1583-1594.

李阔, 熊伟, 潘婕, 等, 2018. 未来升温 1.5℃ 与 2.0℃ 背景下中国玉米产量变化趋势评估 [J]. 中国农业气象, 39 (12): 765-777.

李萌, 申双和, 褚荣浩, 等, 2016. 近 30 年中国农业气候资源分布及其变化趋势分析 [J]. 科学技术与工程, 16 (21): 1  11.

李琪, 任景全, 王连喜, 2014. 未来气候变化情景下江苏水稻高温热害模拟研究 I: 评估孕穗—抽穗期高温热害对水稻产量的影响 [J]. 中国农业气象, 35 (1): 91-96.

李喜明, 黄德林, 李新兴, 2014. 考虑 $CO_2$ 肥效作用的气候变化对中国玉米生产、消费的影响——基于中国农业一般均衡模型 [J]. 中国农学通报, 30 (17): 236-244.

李勇, 杨晓光, 王文峰, 等, 2010. 气候变化背景下中国农业气候资源变化 I. 华南地区农业气候资源时空变化特征 [J]. 应用生态学报, 21 (10): 2605-2614.

李勇, 杨晓光, 王文峰, 等, 2010. 全球气候变暖对中国种植制度可能影响 V. 气候变暖对中国热带作物种植北界和寒害风险的影响分析 [J]. 中国农业科学, 43 (12): 2477-2484.

李勇, 杨晓光, 叶清, 等, 2013. 全球气候变暖对中国种植制度可能影响 IX. 长江中下游地区单双季稻高低温灾害风险及其产量影响 [J]. 中国农业科学, 46 (19): 3997-4006.

李勇, 杨晓光, 张海林, 等, 2011. 全球气候变暖对中国种植制度可能影响 VII. 气候变暖对中国柑橘种植界限及冻害风险影响 [J]. 中国农业科学, 44 (14): 2876-2885.

廉毅, 高枞亭, 沈柏竹, 等, 2007. 吉林省气候变化及其对粮食生产的影响 [J]. 气候变化研究进展 (1): 46-49.

梁俊, 龙少波, 2015. 农业绿色全要素生产率增长及其影响因素 [J]. 华南农业大学学报 (社会科学版) (3): 1-12.

梁玉莲, 韩明臣, 白龙, 等, 2015. 中国近 30 年农业气候资源时空变化特征 [J]. 干旱地区农业研究, 33 (4): 259-267.

林而达, 许吟隆, 蒋金荷, 等, 2006. 气候变化国家评估报告 (II): 气候变化的影响与适应 [J]. 气候变化研究进展 (2): 51-56.

凌霄霞, 张作林, 翟景秋, 等, 2019. 气候变化对中国水稻生产的影响研究进展 [J]. 作物学报, 45 (3): 323-334.

刘志娟, 杨晓光, 王文峰, 2011. 气候变化背景下中国农业气候资源变化 IV. 黄淮海平原半湿润暖温麦—玉两熟灌溉农区农业气候资源时空变化特征 [J]. 应用生态学报, 22 (4): 905-912.

刘志娟, 杨晓光, 王文峰, 等, 2010. 全球气候变暖对中国种植制度可能影响 IV. 未来气候变暖对东北三省春玉米种植北界的可能影响 [J]. 中国农业科学, 43 (11): 2280-2291.

陆文聪, 梅燕, 2007. 中国粮食生产区域格局变化及其成因实证分析——基于空间计量经济学模型 [J]. 中国农业大学学报 (社会科学版) (3): 140-152.

吕晓敏, 周广胜, 2018. 双季稻主要气象灾害研究进展 [J]. 应用气象学报, 29 (4): 385-395.

马雅丽，王志伟，栾青，等，2009. 玉米产量与生态气候因子的关系［J］. 中国农业气象，30（4）：565-568.

马玉平，孙琳丽，俄有浩，等，2015. 预测未来40年气候变化对我国玉米产量的影响［J］. 应用生态学报，26（1）：224-232.

米娜，张玉书，蔡福，等，2012. 未来气候变化对东北地区玉米单产影响的模拟研究［J］. 干旱区资源与环境，26（8）：117-123.

潘根兴，高民，胡国华，等，2011. 气候变化对中国农业生产的影响［J］. 农业环境科学学报（9）：1698-1706.

彭代彦，吴翔，2013. 中国农业技术效率与全要素生产率研究——基于农村劳动力结构变化的视角［J］. 经济学家（9）：68-76.

彭俊杰，2017. 气候变化对全球粮食产量的影响综述［J］. 世界农业（5）：19-24.

申双和，2017. 农业气象学原理［M］. 北京：气象出版社.

史印山，王玉珍，池俊成，等，2008. 河北平原气候变化对冬小麦产量的影响［J］. 中国生态农业学报（6）：1444-1447.

孙东升，梁仕莹，2010. 我国粮食产量预测的时间序列模型与应用研究［J］. 农业技术经济（3）：97-106.

孙茹，韩雪，潘婕，等，2018. 全球1.5℃和2.0℃升温对中国小麦产量的影响研究［J］. 气候变化研究进展，14（6）：573-582.

孙爽，杨晓光，赵锦，等，2015. 全球气候变暖对中国种植制度的可能影响Ⅺ. 气候变化背景下中国冬小麦潜在光温适宜种植区变化特征［J］. 中国农业科学，48（10）：1926-1941.

孙新素，龙致炜，宋广鹏，等，2017. 气候变化对黄淮海地区夏玉米—冬小麦种植模式和产量的影响［J］. 中国农业科学，50（13）：2476-2487.

谭诗琪，申双和，2016. 长江中下游地区近32年水稻高温热害分布规律［J］. 江苏农业科学，44（8）：97-101.

汤绪，杨续超，田展，等，2011. 气候变化对中国农业气候资源的影响［J］. 资源科学，33（10）：1962-1968.

田小海，松井勤，李守华，等，2007. 水稻花期高温胁迫研究进展与展望［J］. 应用生态学报（11）：2632-2636.

田云录，陈金，邓艾兴，等，2011. 开放式增温下非对称性增温对冬小麦生长特征及产量构成的影响［J］. 应用生态学报，22（3）：681-686.

田展，丁秋莹，梁卓然，等，2014. 气候变化对中国油料作物的影响研究进展［J］. 中国农学通报，30（15）：1-6.

田展，梁卓然，史军，等，2013. 近50年气候变化对中国小麦生产潜力的影响分析［J］. 中国农学通报（9）：67-75.

汪言在，刘大伟，2017. 纳入气候要素的重庆市农业全要素生产率增长时空分布分析［J］. 地理科学，37（12）：1942-1952.

汪阳洁，仇焕广，陈晓红，2015. 气候变化对农业影响的经济学方法研究进展［J］. 中国农村经济（9）：4-16

王桂芝，陆金帅，陈克垚，等，2014. 基于 HP 滤波的气候产量分离方法探讨 [J]. 中国农业气象，35（2）：195-199.

王柳，熊伟，温小乐，等，2014. 温度降水等气候因子变化对中国玉米产量的影响 [J]. 农业工程学报，30（21）：138-146.

王培娟，张佳华，谢东辉，等，2011. A2 和 B2 情景下冀鲁豫冬小麦气象产量估算 [J]. 应用气象学报，22（5）：549-557.

王奇，王会，陈海丹，2012. 中国农业绿色全要素生产率变化研究：1992—2010 年 [J]. 经济评论（5）：24-33.

王晓煜，杨晓光，吕硕，等，2016. 全球气候变暖对中国种植制度可能影响Ⅻ. 气候变暖对黑龙江寒地水稻安全种植区域和冷害风险的影响 [J]. 中国农业科学，49（10）：1859-1871.

王亚飞，廖顺宝，2018. 气候变化对粮食产量影响的研究方法综述 [J]. 中国农业资源与区划，39（12）：54-63.

王媛，方修琦，徐锬，2004. 气候变化背景下"气候产量"计算方法的探讨 [J]. 自然资源学报（4）：531-536.

魏凤英，2006. 气候统计诊断与预测方法研究进展——纪念中国气象科学研究院成立 50 周年 [J]. 应用气象学报（6）：736-742.

魏凤英，2007. 现代气候统计诊断与预测技术：第 2 版 [M]. 北京：气象出版社.

吴超，崔克辉，2014. 高温影响水稻产量形成的研究进展 [J]. 中国农业科技导报，16（3）：103-111.

吴丽丽，李谷成，尹朝静，2015. 生长期气候变化对我国油菜单产的影响研究——基于 1985—2011 年中国省域面板数据的实证分析 [J]. 干旱区资源与环境，29（12）：198-203.

向国成，李宾，田银华，2011. 威廉·诺德豪斯与气候变化经济学——潜在诺贝尔经济学奖得主学术贡献评介系列 [J]. 经济学动态（4）：103-107.

熊伟，居辉，许吟隆，等，2006. 气候变化下我国小麦产量变化区域模拟研究 [J]. 中国生态农业学报，14（2）：164-167.

熊伟，杨婕，林而达，等，2008. 未来不同气候变化情景下我国玉米产量的初步预测 [J]. 地球科学进展（10）：1092-1101.

徐超，杨晓光，李勇，等，2011. 气候变化背景下中国农业气候资源变化Ⅲ. 西北干旱区农业气候资源时空变化特征 [J]. 应用生态学报，22（3）：763-772.

徐玲，赵天宏，胡莹莹，等，2008. $CO_2$ 浓度升高对春小麦光合作用和籽粒产量的影响 [J]. 麦类作物学报（5）：867-872.

徐铭志，任国玉，2004. 近 40 年中国气候生长期的变化 [J]. 应用气象学报（3）：306-312.

徐文修，2018. 农学概论 [M]. 北京：中国农业大学出版社.

杨笛，熊伟，许吟隆，等，2017. 气候变化背景下中国玉米单产增速减缓的原因分析 [J]. 农业工程学报，33（S1）：231-238.

杨沈斌，申双和，赵小艳，等，2010. 气候变化对长江中下游稻区水稻产量的影响 [J].
    作物学报，36（9）：1519-1528.

杨太明，陈金华，金志凤，等，2013. 皖浙地区早稻高温热害发生规律及其对产量结构的
    影响研究 [J]. 中国农学通报，29（27）：97-104.

杨晓光，李勇，代姝玮，等，2011. 气候变化背景下中国农业气候资源变化Ⅸ. 中国农业气
    候资源时空变化特征 [J]. 应用生态学报，22（12）：3177-3188.

杨晓光，刘志娟，陈阜，2010. 全球气候变暖对中国种植制度可能影响Ⅰ. 气候变暖对中国
    种植制度北界和粮食产量可能影响的分析 [J]. 中国农业科学，43（2）：329-336.

杨晓光，刘志娟，陈阜，2011. 全球气候变暖对中国种植制度可能影响Ⅵ. 未来气候变化对
    中国种植制度北界的可能影响 [J]. 中国农业科学，44（8）：1562-1570.

杨绚，汤绪，陈葆德，等，2014. 利用CMIP5多模式集合模拟气候变化对中国小麦产量的
    影响 [J]. 中国农业科学，47（15）：3009-3024.

杨宇，2017. 气候变化对黄淮海平原粮食生产力影响的实证研究 [J]. 干旱区资源与环境，
    31（6）：130-135.

叶明华，2012. 中国粮食实现稳定增产了吗？——基于1978—2009年粮食主产区粮食产量
    的H-P滤波分解 [J]. 财贸研究，23（3）：15-21.

叶清，杨晓光，李勇，等，2011. 气候变化背景下中国农业气候资源变化Ⅷ. 江西省双季稻
    各生育期热量条件变化特征 [J]. 应用生态学报，22（8）：2021-2030.

尹朝静，2017. 气候变化对中国水稻生产的影响研究 [D]. 武汉：华中农业大学.

尹朝静，李谷成，范丽霞，等，2016. 气候变化、科技存量与农业生产率增长 [J]. 中国
    农村经济（5）：16-28.

尹朝静，李谷成，范丽霞，等，2018. 生育期气候变化对我国水稻主产区单产的影响——
    基于扩展C-D生产函数的实证分析 [J]. 中国农业大学学报，23（10）：183-192.

尹朝静，李谷成，高雪，2016. 气候变化对中国粮食产量的影响——基于省级面板数据的
    实证 [J]. 干旱区资源与环境（6）：89-94.

尹东，柯晓新，费晓玲，2000. 甘肃省夏粮气候产量变化特征的因子分析 [J]. 中国农业
    气象（3）：12-15.

郁珍艳，李正泉，高大伟，等，2016. 定量评估极端天气影响农业总产值的方法 [J]. 气
    候变化研究进展，12（2）：147-153.

曾凯，周玉，宋忠华，2011. 气候变暖对江南双季稻灌浆期的影响及其观测规范探讨 [J].
    气象，37（4）：468-473.

张桂华，王艳秋，郑红，等，2004. 气候变暖对黑龙江省作物生产的影响及其对策 [J].
    自然灾害学报（3）：95-100.

张建平，赵艳霞，王春乙，等，2008. 气候变化情景下东北地区玉米产量变化模拟 [J].
    中国生态农业学报，16（6）：1448-1452.

张可云，杨孟禹，2016. 国外空间计量经济学研究回顾、进展与述评 [J]. 产经评论（1）：
    5-21.

张乐，曹静，2013. 中国农业全要素生产率增长：配置效率变化的引入——基于随机前沿

生产函数法的实证分析［J］．中国农村经济（3）：4－15．

张卫建，陈金，徐志宇，等，2012．东北稻作系统对气候变暖的实际响应与适应［J］．中国农业科学，45（7）：1265－1273．

张煦庭，潘学标，徐琳，等．中国温带地区不同界限温度下农业热量资源的时空演变［J］．资源科学，30（11）．2104－2115．

张莹，2017．气候变化问题经济分析方法的研究进展和发展方向［J］．城市与环境研究（2）：82－102．

章祥荪，贵斌威，2008．中国全要素生产率分析：Malmquist指数法评述与应用［J］．数量经济技术经济研究（6）：111－122．

赵锦，杨晓光，刘志娟，等，2010．全球气候变暖对中国种植制度可能影响Ⅱ．南方地区气候要素变化特征及对种植制度界限可能影响［J］．中国农业科学，43（9）：1860－1867．

赵锦，杨晓光，刘志娟，等，2014．全球气候变暖对中国种植制度的可能影响Ⅹ．气候变化对东北三省春玉米气候适宜性的影响［J］．中国农业科学，47（16）：3143－3156．

浙江省发展和改革委员会，2016．浙江省农业农村经济发展"十三五"规划［EB/OL］．（2016－11－02）［2018－12－12］．http：//www.zjdpc.gov.cn/art/2016/11/2/art_7_1717376.html．

浙江省发展和改革委员会，2016．浙江省现代农业发展"十三五"规划［EB/OL］．（2016－07－18）［2018－12－12］．http：//www.zjdpc.gov.cn/art/2016/7/18/art_90_1712347.html．

浙江省粮食局，2016．全面落实"大粮食安全观"全力开拓粮食工作新局面［EB/OL］．（2016－07－01）［2018－12－12］．http：//lsj.zj.gov.cn/col/col39/index.html．

浙江省粮食局，2016．浙江：积极应对气候变化，促进粮食减损增效［EB/OL］．（2016－10－17）［2018－12－12］．http：//www.ccchina.org.cn/Detail.aspx?newsId＝64080&TId＝57．

郑艳，潘家华，谢欣露，等，2016．基于气候变化脆弱性的适应规划：一个福利经济学分析［J］．经济研究，51（2）：140－153．

中国气象局，2012．华东区域气候变化评估报告［M］．北京：气象出版社．

中国气象局，2018．2018年中国气候变化蓝皮书［M］．北京：中国气象局气候变化中心．

中国气象局，2018．气候变化可能使中国农业更加脆弱［EB/OL］．（2018－11－27）［2018－12－12］．http：//www.cma.gov．

周建，高静，周杨雯倩，2016．空间计量经济学模型设定理论及其新进展［J］．经济学报（2）：161－190．

周景博，刘亮，2018．未来气候变化对中国小麦产量影响的差异性研究——基于Meta回归分析的定量综述［J］．中国农业气象，39（3）：141－151．

周曙东，周文魁，林光华，等，2013．未来气候变化对我国粮食安全的影响［J］．南京农业大学学报（社会科学版），13（1）：56－65

周曙东，朱红根，2010．气候变化对中国南方水稻产量的经济影响及其适应策略［J］．中国人口·资源与环境，20（10）：152－157．

ACEMOGLU D，AGHION P，BURSZTYN L，et al.，2012. The environment and directed technical change [J]. American Economic Review，102 (1)：131 - 166.

ANIK S，KHAN M，2012. Climate change adaptation through local knowledge in the north eastern region of Bangladesh [J]. Mitigation and Adaptation Strategies for Global Change，17 (8)：879 - 896.

ANSELIN L，1988. Spatial Econometrics：Methods and Models [M]. Boston：Kluwer Academic Press.

ANSELIN L，FLORAX R J G M，1995. New Directions in Spatial Econometrics [M]. Berlin：Springer.

ARROW K，CHENERY H，MINHAS B，et al.，1961. Capital-Labor Substitution and Economic Efficiency [J]. Review of Economics and Statistics，43 (3)：225 - 250.

Asian Development Bank，2013. Economics of Climate Change in East Asia [EB/OL]. (2013 - 09 - 12) [2018 - 12 - 12]. https：//www. adb. org/publications/economics-climate-change-east-asia.

Asian Development Bank，2017. A Region at Risk：The Human Dimensions of Climate Change in Asia and the Pacific [EB/OL]. (2017 - 08 - 17) [2018 - 12 - 12]. https：//www. adb. org/publications/region-at-risk-climate-change.

ASSENG S，FOSTER I，TURNER N C，2001. The impact of temperature variability on wheat yields [J]. Global Change Biology，17 (2)：997 - 1012.

ASSENG S，MARTRE P，MAIORANO A，et al.，2018. Climate change impact and adaptation for wheat protein [J]. Global Change Biology，25 (1)：155 - 173.

ASSENG S，MARTRE P，MAIORANO A，et al.，2019. Climate change impact and adaptation for wheat protein [J]. Global Change Biology，25 (1)：155 - 173.

ASSUNCAO J，CHEIN F，2016. Climate change and agricultural productivity in Brazil：future perspectives [J]. Environment and Development Economics，21 (5)：581 - 602.

BALL V E，GOLLOP F M，KELLY-HAWKE A，et al.，1999. Patterns of state productivity growth in the US farm sector：Linking state and aggregate models [J]. American Journal of Agricultural Economics，81 (1)：164 - 179.

BELYAEVA M，BOKUSHEVA R，2018. Will climate change benefit or hurt Russian grain production? a statistical evidence from a panel approach [J]. Climatic Change，149 (2)：205 - 217.

BETTS R A，ALFIERI L，BRADSHAW C，et al.，2018. Changes in climate extremes，fresh water availability and vulnerability to food insecurity projected at 1. 5 degrees C and 2 degrees C global warming with a higher-resolution global climate model [J]. Philosophical Transactions of the Royal Society A-Mathematical Physical and Engineering Sciences，376.

BLANC E，SCHLENKER W，2017. The Use of Panel Models in Assessments of Climate Impacts on Agriculture [J]. Review of Environmental Economics and Policy，11 (2)：258 - 279.

BONHOMME S, MANRESA E, 2015. Grouped patterns of heterogeneity in panel data [J]. Econometrica, 83 (3): 1147 – 1184.

BROWN P T, CALDEIRA K, 2017. Greater future global warming inferred from Earth's recent energy budget [J]. Nature, 552 (7683): 45 – 50.

BROWN R A, ROSENBERG N, 1997. Sensitivity of crop yield and water use to change in a range of climatic factors and $CO_2$ concentrations: A simulation study applying EPIC to the central USA [J]. Agricultural and Forest Meteorology, 83 (3 – 4): 171 – 203.

BRYAN E, DERESSA T T, GBETIBOUO G A, et al., 2009. Adaptation to climate change in Ethiopia and South Africa: options and constraints [J]. Environmental Science and Policy, 12 (4): 413 – 426.

BURKE M, DYKEMA J, LOBELL D, et al., 2015. Incorporating climate uncertainty into estimates of climate change impacts [J]. Review of Economics and Statistics, 97 (2): 461 – 471.

BURKE M, EMERICK K, 2016. Adaptation to Climate Change: Evidence from US Agriculture [J]. American Economic Journal-Economic Policy, 8 (3): 106 – 140.

BUTLER E, MUELLER N, HUYBERS P, 2018. Peculiarly pleasant weather for US maize [J]. Proceedings of the National Academy of Sciences, 115 (47): 11935 – 11940.

CAVES D, CHRISTENSEN L, DIEWERT W, 1982. The economic theory of index numbers and the measurement of input, output and productivity [J]. Econometrica, 50 (6): 1393 – 1414.

CHEN C, ZHOU G, ZHOU L, 2014. Impacts of climate change on rice yield in China from 1961 to 2010 based on provincial data [J]. Journal of Integrative Agriculture, 13 (7): 1555 – 1564.

CHEN L, HUANG J, MA Q, et al., 2019. Long-term changes in the impacts of global warming on leaf phenology of four temperate tree species [J]. Global change biology, 25 (3): 997 – 1004.

CHEN S, CHEN X, XU J, et al., 2016. Impacts of climate change on agriculture: evidence from China [J]. Journal of Enviromental Economics and Management, 76: 105 – 124.

CHEN Y, WU Z, OKAMOTO K, et al., 2013. The impacts of climate change on crops in China: A Ricardian analysis [J]. Global and Planetary Change, 104: 61 – 74.

CHEN Y, ZHANG Z, TAO F, 2018. Impacts of climate change and climate extremes on major crops productivity in China at a global warming of 1.5 and 2.0 degrees C [J]. Earth System Dynamics, 9 (2): 543 – 562.

CLINE W, 1991. Scientific basis for the greenhouse effect [J]. Economic Journal, 101 (407): 904 – 919.

COBB C, DOUGLAS P, 1928. A theory of production [J]. American Economic Review, 18 (1): 139 – 165.

CONRAD V, 1944. Methods in climatology [M]. Cambridge: Harvard University Press.

DASGUPTA S, HOSSAIN M M, HUQ M, et al., 2018. Climate Change, Salinization and High-Yield Rice Production in Coastal Bangladesh [J]. Agricultural and Resource Economics Review, 47 (1): 66 - 89.

DELL M, JONES B F, OLKEN B A, 2014. What Do We Learn from the Weather? The New Climate-Economy Literature [J]. Journal of Economic Literature, 52 (3): 740 - 798.

DENISON E, 1962. The Sources of Economic Growth in the United States and and the alternatives before us [R]. New York: Committee for Economic Development.

DERESSA T T, HASSAN R M, RINGLER C, et al., 2009. Determinants of farmers' choice of adaptation methods to climate change in the Nile Basin of Ethiopia [J]. Global Enviromental Change-Human and Policy Dimensions, 19 (2): 248 - 255.

DESCHENES O, GREENSTONE M, 2007. The economic impacts of climate change: evidence from agricultural output and random fluctuations in weather [J]. American Economic Review, 97 (1): 354 - 385.

DI FALCO S, VERONESI M, YESUF M, 2011. Does adaptation to climate change provide food security? a micro-perspective from Ethiopia [J]. American Journal of Agricultural Economics, 93 (3): 825 - 842.

FARE R, GROSSKOPF S, KNOX L C A, 1994. Production Frontiers [M]. Cambridge: Cambridge University Press.

FARE R, GROSSKOPF S, NORRIS M, et al., 1994. Productivity growth, technical progress, and efficiency change in industrialized countries [J]. American Economic Review, 84 (1): 66 - 83.

FISHER A C, HANEMANN W M, ROBERTS M J, et al., 2012. The economic impacts of climate change: evidence from agricultural output and random fluctuations in weather: comment [J]. American Economic Review, 102 (7): 3749 - 3760.

GEARY R, 1954. The contiguity ratio and statistical mapping [J]. Incorporated Statistician, 5 (3): 115 - 146.

HODRICK R, PRESCOTT E, 1997. Postwar U.S. business cycles: anempirical investigation [J]. Journal of Money, Credit and Banking, 29 (1): 1 - 16.

HOLST R, YU X, GRUEN C, 2013. Climate Change, Risk and Grain Yields in China [J]. Journal of Integrative Agriculture, 12 (7): 1279 - 1291.

HOLZWORTH D P, HUTH N I, DEVOIL P G, et al., 2014. APSIM-Evolution towards a new generation of agricultural systems simulation [J]. Environmental Modelling and Software, 62 (C): 327 - 350.

HOWDEN S M, SOUSSANA J, TUBIELLO F N, et al., 2007. Adapting agriculture to climate change [J]. Proceedings of the National Academy of Sciences, 104 (50): 19691 - 19696.

HUANG J, JIANG J, WANG J, et al., 2014. Crop Diversification in Coping with Extreme Weather Events in China [J]. Journal of Integrative Agriculture, 13 (4): 677 - 686.

HUANG J, ZHANG X, ZHANG Q, et al., 2017. Recently amplified arctic warming has contributed to a continual global warming trend [J]. Nature Climate Change, 7 (12): 875.

HUANG K, WANG J, HUANG J, et al., 2018. The potential benefits of agricultural adaptation to warming in China in the long run [J]. Environment and Development Economics, 23 (2): 139 - 160.

HUNTJENS P, PAHL-WOSTL C, GRIN J, 2010. Climate change adaptation in European river basins [J]. Regional Environmental Change, 10 (4): 263 - 284.

Intergovernmental Panel on Climate Change, 2014. The fifth assessment report of the intergovernmental panel on climate change [M]. New York: Cambridge University Press.

Intergovernmental Panel on Climate Change, 2018. Global Warming of 1.5℃ [R/OL]. (2018 - 03 - 05) [2018 - 12 - 12]. https: //www. ipcc. ch/sr15/.

International Monetary Fund, 2017. World Economic Outlook, October 2017 Seeking Sustainable Growth: Short-Term Recovery, Long-Term Challenges [R]. Washington, D. C. : International Monetary Fund.

JONES J W, HOOGENBOOM G, PORTER C H, et al., 2003. The DSSAT cropping system model [J]. European Journal of Agronomy, 18 (2): 235 - 265.

JONES M R, SINGELS A, 2018. Refining the Canegro model for improved simulation of climate change impacts on sugarcane [J]. European Journal of Agronomy (10): 76 - 86.

KENDALL H G, 1975. Rank correlation methods [M]. London: Charles Griffin Book.

KENDRICK J, 1951. Productivity trend in the U. S. [M]. Princeton: Princeton University Press.

KIBUE G, LIU X, ZHENG J, et al., 2016. Farmers' perceptions of climate variability and factors influencing adaptation: evidence from Anhui and Jiangsu, China [J]. Environmental Management, 57 (5): 976 - 986.

KIMBALL B A, KOBAYASHI K, BINDI M, 2002. Responses of agricultural crops to free-air $CO_2$ enrichment [J]. Advances in Agronomy (77): 293 - 368.

KOUNDINYA A V, KUMAR P P, ASHADEVI R K, et al., 2017. Adaptation and mitigation of climate change in vegetable cultivation: a review [J]. Journal of Water and Climate Change, 9 (1): 17 - 36.

KRISHNAN P, SWAIN D K, BHASKAR B C, et al., 2007. Impact of elevated $CO_2$ and temperature on rice yield and methods of adaptation as evaluated by crop simulation studies [J]. Agriculture Ecosystems and Environment, 122 (2): 233 - 242.

KRUGMAN P, 1991. Increasing Returns and Economic Geography [J]. Journal of Political Economy, 99 (3): 483 - 499.

KUCHARIK C J, SERBIN S P, 2008. Impacts of recent climate change on Wisconsin corn and soybean yield trends [J]. Environmental Research Letters, 3 (3): 0340033.

KURUKULASURIYA P, KALA N, MENDELSOHN R, 2011. Adaptation and climate change impacts: a structural Ricardian model of irrigation and farm income in Africa [J]. Climate Change Economics, 2 (2): 149 – 174.

LASCO R D, ESPALDON M L O, HABITO C M D, et al., 2016. Smallholder farmers' perceptions of climate change and the roles of trees and agroforestry in climate risk adaptation: evidence from Bohol, Philippines [J]. Agroforestry Systems, 90 (3): 521 – 540.

LEADLEY P W, DRAKE B G, 1993. Open top chambers for exposing plant canopies to elevated $CO_2$ concentration and for measuring net gas-exchange [J]. Vegetatio, 104 (1): 3 – 15.

LI T, HASEGAWA T, YIN X, et al., 2014. Uncertainties in predicting rice yield by current crop models under a wide range of climatic conditions [J]. Global Change Biology, 21 (3): 1328 – 1341.

LI X, TAKAHASHI T, SUZUKI N, et al., 2011. The impact of climate change on maize yields in the United States and China [J]. Agricultural Systems, 104 (4): 348 – 353.

LIANG X, WU Y, CHAMBERS R G, et al., 2017. Determining climate effects on US total agricultural productivity [J]. Proceedings of the National Academy of Sciences, 114 (12): 2285 – 2292.

LINDERHOLM H W, WALTHER A, CHEN D, 2008. Twentieth-century trends in the thermal growing season in the Greater Baltic Area [J]. Climatic Change, 87 (3 – 4): 405 – 419.

LIU B, ASSENG S, MULLER C, et al., 2016. Similar estimates of temperature impacts on global wheat yield by three independent methods [J]. Nature Climate Change (6): 1130.

LIU H, LI X B, FISCHER G, et al., 2004. Study on the impacts of climate change on China's agriculture [J]. Climatic Change, 65 (1 – 2): 125 – 148.

LIU L, WANG E, ZHU Y, et al., 2012. Contrasting effects of warming and autonomous breeding on single-rice productivity in China [J]. Agriculture, Ecosystems & Environment, 149: 20 – 29.

LIU Z, YANG P, TANG H, et al., 2014. Shifts in the extent and location of rice cropping areas match the climate change pattern in China during 1980—2010 [J]. Regional Environmental Change, 15 (5): 919 – 929.

LOBELL D B, 2007. Changes in diurnal temperature range and national cereal yields [J]. Agricultural and Forest Meteorology, 145 (3 – 4): 229 – 238.

LOBELL D B, BURKE M B, 2010. On the use of statistical models to predict crop yield responses to climate change [J]. Agricultural and Forest Meteorology, 150 (11): 1443 – 1452.

LOBELL D B, FIELD C B, 2007. Global scale climate-crop yield relationships and the impacts of recent warming [J]. Environmental Research Letters, 2 (1): 014002 – 014008.

LOBELL D B, HAMMER G L, MCLEAN G, et al., 2013. The critical role of extreme heat for maize production in the United States [J]. Nature Climate Change, 3 (5): 497 – 501.

LOBELL D B, SCHLENKER W, COSTA-ROBERTS J, 2011. Climate trends and global crop production since 1980 [J]. Science, 333 (4): 616 – 620.

LV Z, LIU X, CAO W, et al. , 2013. Climate change impacts on regional winter wheat production in main wheat production regions of China [J] . Agricultural and Forest Meteorology, 171: 234 – 248.

LV Z, ZHU Y, LIU X, et al. , 2018. Climate change impacts on regional rice production in China [J] . Climatic Change, 147 (3 – 4): 523 – 537.

MANN H B, 1945. Nonparametric tests against trend [J] . Econometrica, 13 (3): 245 – 259.

MANNE A, MENDELSOHN R, RICHELS R, 1995. MERGE : A model for evaluating regional and global effects of GHG reduction policies [J] . Energy Policy, 23 (1): 17 – 34.

MASSETTI E, MENDELSOHN R, 2018. Measuring Climate Adaptation: Methods and Evidence [J] . Review of Environmental Economics and Policy, 12 (2): 324 – 341.

MASUTOMI Y, TAKAHASHI K, HARASAWA H, et al. , 2009. Impact assessment of climate change on rice production in Asia in comprehensive consideration of process/parameter uncertainty in general circulation models [J] . Agriculture Ecosystems and Environment, 131 (3): 281 – 291.

MENDELSOHN R, DINAR A, SANGHI A, 2002. The effect of development on the climate sensitivity of agriculture [J] . Environment and Development Economics, 6 (1): 85 – 101.

MENDELSOHN R, MASSETTI E, 2017. The use of cross-sectional analysis to measure climate impacts on agriculture: theory and evidence [J] . Review of Environmental Economics and Policy, 11 (2): 280 – 298.

MENDELSOHN R, NORDHAUS W D, SHAW D, 1994. The impact of global warming on agriculture: a Ricardian analysis [J] . American Economic Review, 84 (4): 753 – 771.

MIAO R, KHANNA M, HUANG H, 2016. Responsiveness of crop yield and acreage to prices and climate [J] . American Journal of Agricultural Economics, 98 (1): 191 – 211.

MORAN P, 1950. Notes on continuous stochastic phenomena [J] . Biometrika, 37 (1/2): 17 – 23.

NJUKI E, BRAVO-URETA B E, O'DONNELL C J, 2018. A new look at the decomposition of agricultural productivity growth incorporating weather effects [J] . PloS ONE, 13 (2): 1 – 21.

NORDHAUS W D, 1991. To slow or not to slow: the economics of the greenhouse effect [J]. The Economic Journal, 101 (407): 920 – 937.

NORDHAUS W D, 2007. To tax or not to tax: alternative approaches to slowing global warming [J] . Review of Environmental Economics and Policy, 1 (1): 26 – 44.

NORDHAUS W, 1977. Economic growth and climate: the carbon dioxide problem [J]. Cowles Foundation Discussion Papers, 67 (1): 341 – 346.

NORDHAUS W, 1982. How fast should we graze the global commons? [J] . American Economic Review, 72 (2): 242 – 246.

NORDHAUS W, 1992. An optimal transition path for controlling greenhouse gases [J].

Science, 258 (5086): 1315 - 1319.

NORDHAUS W, YANG Z, 1996. A regional dynamic general-equilibrium model of alter-native cimate-change strategies [J]. American Economic Review, 86 (4): 741 - 765.

PEALINCK J, KLAASSEN L, 1979. Spatial econometrics [M]. Farnborough: Saxon House.

PENG S, TANG Q, ZOU Y, 2009. Current status and challenges of rice production in China [J]. Plant Production Science, 12 (1): 3 - 8.

PIAO S, CIAIS P, HUANG Y, et al., 2010. The impacts of climate change on water resources and agriculture in China [J]. Nature, 467 (7311): 43 - 51.

PRANUTHI G, TRIPATHI S, 2018. Assessing the climate change and its impact on rice yields of Haridwar district using PRECIS RCM data [J]. Climatic Change, 148 (1 - 2): 265 - 278.

RAHMAN A, MOJID M A, BANU S, 2018. Climate change impact assessment on three major crops in the north-central region of Bangladesh using DSSAT [J]. International Journal of Agricultural and Biological Engineering, 11 (4): 135 - 143.

RAY S C, DESLI E, 1997. Productivity growth, technical progress, and efficiency change in industrialized countries: comment [J]. American Economic Review, 87 (5): 1033 - 1039.

REINSBOROUGH M J, 2020. A Ricardian model of climate change in Canada [J]. Canadian Journal of Economics, 36 (1): 21 - 40.

REVANKAR N S, 1971. A class of variable elasticity of substitution production functions [J]. Econometrica, 39 (1): 61 - 71.

RICARDO D, 1817. On The principles of political economy and taxation [M]. London: John Murray, Albemarle-Street.

ROBERTS M, SCHLENKER W, EYER J, 2013. Agronomic weather measures in econometric models of crop yield with implications for climate change [J]. American Journal of Agricultural Economics, 95 (2): 236 - 243.

SALIM R A, ISLAM N, 2010. Exploring the impact of R & D and climate change on agricultural productivity growth: the case of Western Australia [J]. Australian Journal of Agricultural and Resource Economics, 54 (4): 561 - 582.

SAMIAPPAN S, HARIHARASUBRAMANIAN A, VENKATARAMAN P, et al., 2018. Impact of regional climate model projected changes on rice yield over southern India [J]. International Journal of Climatology, 38 (6): 2838 - 2851.

SANGHI A, MENDELSOHN R, 2008. The impacts of global warming on farmers in Brazil and India [J]. Global Environmental Change, 18 (4): 655 - 665.

SCHEELBEEK P F D, BIRD F A, TUOMISTO H L, et al., 2018. Effect of environmental changes on vegetable and legume yields and nutritional quality [J]. Proceedings of the National Academy of Sciences, 115 (26): 6804.

SCHLENKER W, HANEMANN W M, FISHER A C, 2005. Will U. S. agriculture really benefit from global warming? accounting for irrigation in the hedonic approach [J]. American Economic Review, 95 (1): 395 – 406.

SCHLENKER W, HANEMANN W M, FISHER A C, 2006. The impact of global warming on U. S. qgriculture: an econometric analysis of optimal growing conditions [J] . Review of Economics and Statistics, 88 (1): 113 – 125.

SCHLENKER W, LOBELL D B, 2010. Robust negative impacts of climate change on African agriculture [J] . Environmental Research Letters, 5 (1): 14010.

SCHLENKER W, ROBERTS M, 2009. Nonlinear temperature effects indicate severe damages to U. S. crop yields under climate change [J] . Proceedings of the National Academy of Sciences, 106 (37): 15594 – 15598.

SEO S N, MENDELSOHN R, DINAR A, et al., 2009. A Ricardian analysis of the distribution of climate change impacts on agriculture across agro-ecological zones in Africa [J]. Environmental and Resource Economics, 43 (3): 313 – 332.

SOLOW R, 1957. Technical change and the aggregate production function [J] . Review of Economics and Statistics, 39 (3): 554 – 562.

SOMMER R, GLAZIRINA M, YULDASHEV T, et al., 2013. Impact of climate change on wheat productivity in Central Asia [J] . Agriculture Ecosystems and Environment, 178 (2): 78 – 99.

SONG Y, LINDERHOLM H, CHEN D, et al., 2010. Trends of the thermal growing season in China, 1951—2007 [J] . International Journal of Climatology, 30 (1): 33 – 43.

STERN N, 2006. The economics of climate change: Stern review [M] . Cambridge: Cambridge University Press.

STEVANOVIC M, POPP A, LOTZE-CAMPEN H, et al., 2016. The impact of high-end climate change on agricultural welfare [J] . Science Advances, 2 (8) .

STOERK T, WAGNER G, WARD R, 2018. Policy brief-recommendations for improving the treatment of risk and uncertainty in economic estimates of climate impacts in the sixth IPCC assessment report [J] . Review of Environmental Economics and Policy, 12 (2): 371 – 376.

SUN Y, ZHANG X Z, FRANCIS W, et al., 2014. Rapid increase in the risk of extreme summer heat in Eastern China [I] . Nature Climate Change, 4 (12): 1082 – 1085.

SWINNEN J, BURKITBAYEVA S, SCHIERHORN F, et al., 2017. Production potential in the "bread baskets" of Eastern Europe and Central Asia [J] . Global Food Security (14): 38 – 53.

TACK J, BARKLEY A, NALLEY L L, 2015. Effect of warming temperatures on US wheat yields [J] . Proceedings of the National Academy of Sciences, 112 (22): 6931 – 6936.

TAO F, HAYASHI Y, ZHANG Z, et al., 2008. Global warming, rice production, and water use in China: Developing a probabilistic assessment [J] . Agricultural and Forest

Meteorology，148（1）：94 - 110.

TAO F，ZHANG Z，SHI W，et al.，2013. Single rice growth period was prolonged by cultivars shifts，but yield was damaged by climate change during 1981—2009 in China，and late rice was just opposite [J]. Global Change Biology，19（10）：3200 - 3209.

TIGCHELAAR M，BATTISTI D S，NAYLOR R L，et al.，2018. Future warming increases probability of globally synchronized maize production shocks [J]. Proceedings of the National Academy of Sciences，115（26）：6644.

TINBERGER J，1942. Total factor productivity：a short biography [J]. Weltwirts Archiv，13（1）：34 - 45.

TOL R S J，1997. On the optimal control of carbon dioxide emissions：an application of FUND [J]. Environmental Modeling and Assessment，2（3）：151 - 163.

United Nations Framework Convention on Climate Change，2017. UU climate change：annual report 2017 [R/OL]. （2017 - 09 - 01）[2018 - 12 - 12]. http：//unfccc. int/resource/annualreport/.

United Nations International Strategy for Disaster Reduction，2018. Economic losses，poverty and disasters：1998—2017 [R/OL]. （2018 - 09 - 01）[2018 - 12 - 12]. https：//www. unisdr. org/we/inform/publications/.

VILLAVICENCIO X，MCCARL B，WU X，et al.，2013. Climate change influences on agricultural research productivity [J]. Climatic Change，119（3 - 4）：815 - 824.

VON THUNEN J H，1966. von Thunen's isolated state [M]. Oxford：Pergammon Press.

WANG H，HE Y，QIAN B，et al，2012. Short Communication：Climate change and biofuel wheat：A case study of southern Saskatchewan [J]. Canadian Journal of Plant Science，92（3）：421 - 425.

WANG J，HUANG J，ZHANG L，et al.，2014，Y. Impacts of climate change on net crop revenue in North and South China [J]. China Agricultural Economic Review，6（3）：358 - 378.

WANG J，MENDELSOHN R，DINAR A，et al.，2009. The impact of climate change on China's agriculture [J]. Agricultural Economics，40（3）：323 - 337.

WANG P，ZHANG Z，SONG X，et al.，2014. Temperature variations and rice yields in China：historical contributions and future trends [J]. Change，124（4）：777 - 789.

WEBER A，1929. The theory of the location of industries [M]. Chicago：Chicago University Press.

WEITZMAN ML，2007. A review of "The stern review on the economics of climate change" [J]. Journal of Economic Literature，45（3）：703 - 724.

WELCH J R，VINCENT J R，AUFFHAMMER M，et al.，2019. Rice yields in tropical/subtropical Asia exhibit large but opposing sensitivities to minimum and maximum temperatures [J]. Proceedings of the National Academy of Sciences，107（33）：14562 - 14567.

World Meteorological Organization，2018. WMO climate statement：past 4 years warmest on record [R/OL]. （2018 - 10 - 01）[2018 - 12 - 12]. https：//public. wmo. int/en/

media/press-release/wmo-climate-statement-past-4-years-warmest-record.

XIE W, XIONG W, PAN J, et al., 2018. Decreases in global beer supply due to extreme drought and heat [J]. Nature Plants, 4 (11): 964.

XIONG W, HOLMAN I P, YOU L, et al., 2014. Impacts of observed growing-season warming trends since 1980 on crop yields in China [J]. Regional Environmental Change, 14 (1SI): 7 - 16.

XU C, WU W, GE Q, 2018. Impact assessment of climate change on rice yields using the ORYZA model in the Sichuan Basin, China [J]. International Journal of Climatology, 38 (7): 2922 - 2939.

XU H, TWINE T E, GIRVETZ E, 2016. Climate Change and Maize Yield in Iowa [J]. PloS ONE, 11 (5).

YANG J, XIONG W, YANG X, et al., 2014. Geographic variation of rice yield response to past climate change in China [J]. Journal of Integrative Agriculture, 13 (7): 1586 - 1598.

YANG L, HUANG J, YANG H, et al., 2007. Seasonal changes in the effects of free-air $CO_2$ enrichment (FACE) on nitrogen (N) uptake and utilization of rice at three levels of N fertilization [J]. Field Crops Research, 100 (2): 189 - 199.

YOHE G W, TOL R S J, 2008. The Stern Review and the economics of climate change: an editorial essay [J]. Climatic Change, 89 (3 - 4): 231 - 240.

YOU L, ROSEGRANT M W, WOOD S, et al., 2009. Impact of growing season temperature on wheat productivity in China [J]. Agricultural and Forest Meteorology, 149 (6 - 7): 1009 - 1014.

YU Y, HUANG Y, ZHANG W, 2012. Changes in rice yields in China since 1980 associated with cultivar improvement, climate and crop management [J]. Field Crops Research, 136: 65 - 75.

ZHANG P, ZHANG J, CHEN M, 2017. Economic impacts of climate change on agri-culture: the importance of additional climatic variables other than temperature and precipitation [J]. Journal of Enviromental Economics and Management, 83: 8 - 31.

ZHANG T, HUANG Y, 2013. Estimating the impacts of warming trends on wheat and maize in China from 1980 to 2008 based on county level data [J]. International Journal of Climatology, 33 (3): 699 - 708.

ZHANG T, YANG X, WANG H, et al., 2014. Climatic and technological ceilings for Chinese rice stagnation based on yield gaps and yield trend pattern analysis [J]. Global Change Biology, 20 (4): 1289 - 1298.

ZHOU L, TURVEY C G, 2014. Climate change, adaptation and China's grain production [J]. China Economic Review, 28: 72 - 89.

# 附　录

## 附录一　浙江县级行政区划

| 地级市 | 县（自治县、区、市） |
|---|---|
| 杭州市 | 杭州市区、余杭区、萧山区、富阳区、临安区、桐庐县、淳安县、建德市 |
| 宁波市 | 宁波市区、鄞州区、慈溪市、余姚市、宁海县、奉化区、象山县 |
| 温州市 | 温州市区、洞头区、永嘉县、玉环市、乐清市、平阳县、瑞安市、文成县、泰顺县、苍南县 |
| 嘉兴市 | 嘉兴市区、嘉善县、平湖市、海盐县、海宁市、桐乡市 |
| 湖州市 | 湖州市区、长兴县、安吉县、德清县 |
| 舟山市 | 舟山市区、岱山县、嵊泗县 |
| 金华市 | 金华市区、兰溪市、义乌市、东阳市、武义县、永康市、浦江县 |
| 绍兴市 | 绍兴市区、柯桥区、上虞区、诸暨市、嵊州市、新昌县 |
| 台州市 | 台州市区、温岭市、天台县、三门县、仙居县、磐安县、临海市 |
| 衢州市 | 衢州市区、开化县、常山县、江山市、龙游县 |
| 丽水市 | 丽水市区、缙云县、松阳县、青田县、龙泉市、遂昌县、庆元县、云和县、景宁畲族自治县 |

## 附录二　浙江主要农作物趋势单产

单位：千克/亩

| 年份 | 水稻 | 早稻 | 中晚稻 | 玉米 | 小麦 | 大麦 | 薯类 | 大豆 | 油菜籽 |
|---|---|---|---|---|---|---|---|---|---|
| 1987 | 363.69 | 364.17 | 369.36 | 167.42 | 157.25 | 204.61 | 284.02 | 121.98 | 97.19 |
| 1988 | 367.10 | 363.38 | 374.39 | 173.80 | 159.97 | 205.97 | 284.90 | 124.23 | 98.34 |
| 1989 | 370.54 | 362.61 | 379.42 | 180.24 | 162.67 | 207.36 | 285.86 | 126.48 | 99.49 |
| 1990 | 374.04 | 361.84 | 384.50 | 186.79 | 165.36 | 208.80 | 286.98 | 128.75 | 100.64 |
| 1991 | 377.60 | 361.03 | 389.64 | 193.56 | 168.05 | 210.34 | 288.39 | 131.07 | 101.80 |

| 年份 | 水稻 | 早稻 | 中晚稻 | 玉米 | 小麦 | 大麦 | 薯类 | 大豆 | 油菜籽 |
|------|------|------|--------|------|------|------|------|------|--------|
| 1992 | 381. 23 | 360. 18 | 394. 81 | 200. 54 | 170. 79 | 212. 01 | 290. 16 | 133. 42 | 102. 97 |
| 1993 | 385. 00 | 359. 35 | 400. 01 | 207. 62 | 173. 59 | 213. 80 | 292. 36 | 135. 78 | 104. 15 |
| 1994 | 388. 94 | 358. 64 | 405. 22 | 214. 69 | 176. 46 | 215. 69 | 295. 02 | 138. 09 | 105. 36 |
| 1995 | 393. 08 | 358. 10 | 410. 43 | 221. 65 | 179. 46 | 217. 72 | 298. 16 | 140. 30 | 106. 64 |
| 1996 | 397. 46 | 357. 81 | 415. 60 | 228. 46 | 182. 63 | 219. 89 | 301. 70 | 142. 39 | 107. 98 |
| 1997 | 402. 06 | 357. 79 | 420. 71 | 235. 09 | 185. 98 | 222. 24 | 305. 55 | 144. 33 | 109. 40 |
| 1998 | 406. 90 | 358. 07 | 425. 76 | 241. 55 | 189. 55 | 224. 82 | 309. 63 | 146. 15 | 110. 92 |
| 1999 | 411. 95 | 358. 72 | 430. 73 | 247. 84 | 193. 38 | 227. 73 | 313. 80 | 147. 86 | 112. 59 |
| 2000 | 417. 18 | 359. 77 | 435. 59 | 253. 88 | 197. 46 | 230. 92 | 317. 91 | 149. 52 | 114. 37 |
| 2001 | 422. 50 | 361. 21 | 440. 33 | 259. 59 | 201. 76 | 234. 32 | 321. 82 | 151. 14 | 116. 26 |
| 2002 | 427. 82 | 363. 01 | 444. 89 | 264. 92 | 206. 25 | 237. 88 | 325. 30 | 152. 75 | 118. 22 |
| 2003 | 433. 07 | 365. 16 | 449. 27 | 269. 83 | 210. 95 | 241. 55 | 328. 09 | 154. 37 | 120. 23 |
| 2004 | 438. 22 | 367. 66 | 453. 53 | 274. 32 | 215. 76 | 245. 22 | 330. 05 | 156. 03 | 122. 21 |
| 2005 | 443. 26 | 370. 44 | 457. 70 | 278. 43 | 220. 58 | 248. 75 | 331. 10 | 157. 75 | 124. 10 |
| 2006 | 448. 21 | 373. 50 | 461. 85 | 282. 19 | 225. 29 | 251. 97 | 331. 23 | 159. 55 | 125. 85 |
| 2007 | 453. 01 | 376. 82 | 465. 98 | 285. 62 | 229. 76 | 254. 76 | 330. 57 | 161. 41 | 127. 42 |
| 2008 | 457. 62 | 380. 37 | 470. 03 | 288. 73 | 233. 85 | 257. 02 | 329. 34 | 163. 32 | 128. 79 |
| 2009 | 462. 00 | 384. 12 | 473. 95 | 291. 56 | 237. 51 | 258. 72 | 327. 86 | 165. 23 | 129. 99 |
| 2010 | 466. 12 | 388. 03 | 477. 68 | 294. 11 | 240. 73 | 259. 90 | 326. 36 | 167. 12 | 131. 04 |
| 2011 | 470. 00 | 392. 10 | 481. 22 | 296. 37 | 243. 54 | 260. 62 | 324. 93 | 168. 94 | 132. 01 |
| 2012 | 473. 64 | 396. 23 | 484. 57 | 298. 37 | 246. 01 | 260. 97 | 323. 58 | 170. 63 | 132. 92 |
| 2013 | 477. 10 | 400. 40 | 487. 76 | 300. 15 | 248. 22 | 261. 06 | 322. 28 | 172. 18 | 133. 78 |
| 2014 | 480. 44 | 404. 57 | 490. 86 | 301. 81 | 250. 23 | 261. 02 | 321. 02 | 173. 61 | 134. 61 |
| 2015 | 483. 74 | 408. 75 | 493. 92 | 303. 39 | 252. 10 | 260. 89 | 319. 77 | 174. 97 | 135. 41 |
| 2016 | 487. 02 | 412. 97 | 496. 96 | 304. 94 | 253. 88 | 260. 73 | 318. 52 | 176. 29 | 136. 19 |

# 附录三　浙江主要农作物气候单产

单位：千克/亩

| 年份 | 水稻 | 早稻 | 中晚稻 | 玉米 | 小麦 | 大麦 | 薯类 | 大豆 | 油菜籽 |
|---|---|---|---|---|---|---|---|---|---|
| 1987 | 11.39 | 8.75 | 4.81 | 23.21 | −7.62 | 7.39 | 27.42 | 4.60 | −1.92 |
| 1988 | −0.10 | −14.62 | 6.95 | −0.16 | 12.18 | 11.03 | 12.82 | −3.29 | 7.54 |
| 1989 | −6.50 | −16.27 | −1.78 | 18.89 | −2.23 | −6.36 | 5.47 | 10.49 | −8.56 |
| 1990 | −4.45 | 25.57 | −28.80 | −39.29 | 17.64 | 1.20 | −13.59 | −14.41 | 6.64 |
| 1991 | 24.14 | 21.95 | 26.64 | −32.27 | −17.09 | −18.34 | −7.14 | −11.53 | −2.77 |
| 1992 | −7.39 | 9.66 | −17.90 | −4.24 | 6.11 | 0.72 | −8.61 | −5.65 | 6.72 |
| 1993 | −5.22 | −9.03 | −0.28 | 4.05 | 12.57 | 18.60 | −13.76 | 0.54 | 4.08 |
| 1994 | 0.09 | 3.54 | 1.62 | 16.93 | −8.30 | −11.89 | −32.85 | 6.87 | −9.36 |
| 1995 | −13.00 | −22.04 | −0.09 | 19.44 | −6.23 | 8.68 | −2.42 | 6.10 | −0.06 |
| 1996 | 0.79 | 3.46 | 8.19 | 6.94 | 4.78 | 13.71 | −4.84 | 10.36 | 8.56 |
| 1997 | −6.39 | 17.79 | −11.82 | −11.99 | 10.32 | 13.39 | −12.36 | 9.35 | 7.65 |
| 1998 | −5.89 | −12.21 | 8.16 | −14.87 | −29.63 | −38.80 | −13.43 | 1.85 | −30.65 |
| 1999 | −22.85 | −28.65 | −8.78 | −8.52 | −6.51 | −8.00 | 2.73 | −5.00 | 10.30 |
| 2000 | −4.07 | 5.27 | −3.16 | 5.38 | 9.44 | 9.38 | −22.68 | −2.81 | −16.24 |
| 2001 | 13.12 | 5.96 | 15.08 | 11.97 | 1.97 | 0.14 | −25.17 | 3.58 | 8.38 |
| 2002 | 15.53 | −9.83 | 18.71 | 19.88 | −26.49 | −23.28 | 53.70 | 0.51 | −13.92 |
| 2003 | 7.27 | −5.04 | 3.28 | 6.34 | −17.01 | −18.48 | 18.47 | −3.30 | −8.10 |
| 2004 | 7.20 | 8.29 | 4.12 | −0.09 | −2.87 | −2.54 | 38.74 | −3.94 | 12.17 |
| 2005 | −25.30 | −0.48 | −29.63 | −3.92 | −3.99 | 13.55 | 43.64 | −6.63 | 7.02 |
| 2006 | 9.24 | −1.41 | −11.96 | 2.66 | 5.25 | 12.27 | 43.34 | −6.72 | 4.88 |
| 2007 | −8.07 | −3.82 | −10.60 | −3.13 | 19.06 | 22.55 | 42.83 | −4.31 | 13.29 |
| 2008 | 12.00 | −0.70 | 10.84 | −3.02 | 26.43 | 28.29 | −45.81 | −2.78 | 11.71 |
| 2009 | 11.45 | 9.77 | 10.59 | −4.22 | 19.13 | 17.61 | −44.19 | −2.22 | 2.88 |
| 2010 | 1.96 | −28.62 | 6.26 | 3.81 | 8.01 | 2.27 | −43.68 | −2.35 | −10.87 |
| 2011 | 13.57 | 15.32 | 13.22 | 18.00 | 4.46 | 14.46 | −12.34 | 14.24 | −1.47 |
| 2012 | 13.40 | 6.25 | 15.56 | 15.01 | −3.47 | −5.32 | 14.75 | 19.38 | −3.72 |
| 2013 | −10.34 | 14.89 | −12.70 | −18.34 | −2.75 | −16.70 | −13.18 | −1.55 | −1.50 |
| 2014 | −3.13 | 5.01 | −2.41 | −0.25 | 1.03 | −7.82 | 4.21 | 6.85 | 2.00 |
| 2015 | −15.15 | −21.75 | −10.36 | −5.40 | 8.70 | −2.89 | 10.17 | −3.97 | 1.48 |
| 2016 | −3.32 | 13.00 | −3.77 | −12.81 | −32.88 | −14.83 | −2.23 | −14.29 | −6.14 |

## 附录四　浙江主要农作物相对气候单产

单位：%

| 年份 | 水稻 | 早稻 | 中晚稻 | 玉米 | 小麦 | 人麦 | 薯类 | 大豆 | 油菜籽 |
|---|---|---|---|---|---|---|---|---|---|
| 1987 | 3.13 | 2.40 | 1.30 | 13.86 | −4.84 | 3.61 | 9.66 | 3.77 | −1.98 |
| 1988 | −0.03 | −4.02 | 1.86 | −0.09 | 7.62 | 5.35 | 4.50 | −2.64 | 7.67 |
| 1989 | −1.75 | −4.49 | −0.47 | 10.48 | −1.37 | −3.07 | 1.91 | 8.29 | −8.60 |
| 1990 | −1.19 | 7.07 | −7.49 | −21.03 | 10.67 | 0.57 | −4.74 | −11.19 | 6.59 |
| 1991 | 6.39 | 6.08 | 6.84 | −16.67 | −10.17 | −8.72 | −2.48 | −8.80 | −2.72 |
| 1992 | −1.94 | 2.68 | −4.53 | −2.11 | 3.58 | 0.34 | −2.97 | −4.24 | 6.53 |
| 1993 | −1.36 | −2.51 | −0.07 | 1.95 | 7.24 | 8.70 | −4.71 | 0.40 | 3.92 |
| 1994 | 0.02 | 0.99 | 0.40 | 7.89 | −4.70 | −5.51 | −11.14 | 4.98 | −8.89 |
| 1995 | −3.31 | −6.15 | −0.02 | 8.77 | −3.47 | 3.99 | −0.81 | 4.35 | −0.06 |
| 1996 | 0.20 | 0.97 | 1.97 | 3.04 | 2.62 | 6.23 | −1.60 | 7.28 | 7.92 |
| 1997 | −1.59 | 4.97 | −2.81 | −5.10 | 5.55 | 6.03 | −4.05 | 6.48 | 6.99 |
| 1998 | −1.45 | −3.41 | 1.92 | −6.16 | −15.63 | −17.26 | −4.34 | 1.27 | −27.63 |
| 1999 | −5.55 | −7.99 | −2.04 | −3.44 | −3.37 | −3.51 | 0.87 | −3.38 | 9.15 |
| 2000 | −0.97 | 1.46 | −0.73 | 2.12 | 4.78 | 4.06 | −7.14 | −1.88 | −14.20 |
| 2001 | 3.11 | 1.65 | 3.42 | 4.61 | 0.98 | 0.06 | −7.82 | 2.37 | 7.21 |
| 2002 | 3.63 | −2.71 | 4.21 | 7.50 | −12.84 | −9.79 | 16.51 | 0.34 | −11.78 |
| 2003 | 1.68 | −1.38 | 0.73 | 2.35 | −8.06 | −7.65 | 5.63 | −2.14 | −6.73 |
| 2004 | 1.64 | 2.26 | 0.91 | −0.03 | −1.33 | −1.03 | 11.74 | −2.52 | 9.96 |
| 2005 | −5.71 | −0.13 | −6.47 | −1.41 | −1.81 | 5.45 | 13.18 | −4.20 | 5.65 |
| 2006 | 2.06 | −0.38 | −2.59 | 0.94 | 2.33 | 4.87 | 13.08 | −4.21 | 3.88 |
| 2007 | −1.78 | −1.01 | −2.27 | −1.09 | 8.30 | 8.85 | 12.96 | −2.67 | 10.43 |
| 2008 | 2.62 | −0.18 | 2.31 | −1.05 | 11.30 | 11.01 | −13.91 | −1.70 | 9.09 |
| 2009 | 2.48 | 2.54 | 2.23 | −1.45 | 8.05 | 6.81 | −13.48 | −1.35 | 2.22 |
| 2010 | 0.42 | −7.38 | 1.31 | 1.30 | 3.33 | 0.88 | −13.38 | −1.41 | −8.30 |
| 2011 | 2.89 | 3.91 | 2.75 | 6.07 | 1.83 | 5.55 | −3.80 | 8.43 | −1.12 |
| 2012 | 2.83 | 1.58 | 3.21 | 5.03 | −1.41 | −2.04 | 4.56 | 11.36 | −2.80 |
| 2013 | −2.17 | 3.72 | −2.60 | −6.11 | −1.11 | −6.40 | −4.09 | −0.90 | −1.12 |
| 2014 | −0.65 | 1.24 | −0.49 | −0.08 | 0.41 | −3.00 | 1.31 | 3.94 | 1.49 |
| 2015 | −3.13 | −5.32 | −2.10 | −1.78 | 3.45 | −1.11 | 3.18 | −2.27 | 1.09 |
| 2016 | −0.68 | 3.15 | −0.76 | −4.20 | −12.95 | −5.69 | −0.70 | −8.11 | −4.51 |

**图书在版编目（CIP）数据**

气候变化对浙江农作物生产的影响研究 / 俞书傲，陆文聪，马永喜著 . —北京：中国农业出版社，2023.2
ISBN 978-7-109-30496-3

Ⅰ. ①气… Ⅱ. ①俞… ②陆… ③马… Ⅲ. ①气候变化－影响－作物－栽培技术－研究－浙江 Ⅳ. ①S31

中国国家版本馆 CIP 数据核字（2023）第 040263 号

---

中国农业出版社出版

地址：北京市朝阳区麦子店街 18 号楼
邮编：100125
责任编辑：李昕昱 　　文字编辑：孙蕴琪
版式设计：李　文　　责任校对：吴丽婷
印刷：北京中兴印刷有限公司
版次：2023 年 2 月第 1 版
印次：2023 年 2 月北京第 1 次印刷
发行：新华书店北京发行所
开本：700mm×1000mm　1/16
印张：10
字数：200 千字
定价：68.00 元

---